自然
百科

荒　漠

自然百科编委会　编著

中国大百科全书出版社

图书在版编目（CIP）数据

荒漠 / 自然百科编委会编著 . -- 北京 ：中国大百科全书出版社，2025. 1. --（自然百科）. -- ISBN 978-7-5202-1680-7

Ⅰ . P941.73-49

中国国家版本馆 CIP 数据核字第 2025006NS8 号

总 策 划：刘　杭　　郭继艳
策划编辑：李秀坤
责任编辑：李秀坤
责任校对：闵　娇
责任印制：王亚青
出版发行：中国大百科全书出版社有限公司
地　　址：北京市西城区阜成门北大街 17 号
邮政编码：100037
电　　话：010-88390811
网　　址：http://www.ecph.com.cn
印　　刷：唐山富达印务有限公司
开　　本：710mm×1000mm　1/16
印　　张：10
字　　数：100 千字
版　　次：2025 年 1 月第 1 版
印　　次：2025 年 1 月第 1 次印刷
书　　号：ISBN 978-7-5202-1680-7
定　　价：48.00 元

总　序

　　这是一套面向大众、根植于《中国大百科全书》第三版（以下简称百科三版）的百科通俗读物。

　　百科全书是概要记述人类一切门类知识或某一门类知识的完备的工具书。它的主要作用是供人们随时查检需要的知识和事实资料，还具有扩大读者知识视野和帮助人们系统求知的教育作用，常被誉为"没有围墙的大学"。简而言之，它是回答问题的书，是扩展知识的书。

　　中国大百科全书出版社从 1978 年起，陆续编纂出版了《中国大百科全书》第一版、第二版和第三版。这是我国科学文化建设的一项重要基础性、标志性、创新性工程，是在百年未有之大变局和中华民族伟大复兴全局的大背景下，提升我国文化软实力、提高中华文化国际影响力的一项重要举措，具有重大的现实意义和深远的历史意义。

　　百科三版的编纂工作经国务院立项，得到国家各有关部门、全国科学文化研究机构、学术团体、高等院校的大力支持，专家、学者 5 万余人参与编纂，代表了各学科最高的专业水平。专家、作者和编辑人员殚精竭虑，按照习近平总书记的要求，努力将百科三版建设成有中国特色、有国际影响力的权威知识宝库。截至 2023 年底，百科三版通过网站（www.zgbk.com）发布了 50 余万个网络版条目，并陆续出版了一批纸质版学科卷百科全书，将中国的百科全书事业推向了一个新的高度。

　　重文修武，耕读传家，是我们中国人悠久的文化传承。作为出版人，我们以传播科学文化知识为己任，希望通过出版更多优秀的出版物来落实总书记的要求——推动文化繁荣、建设中华民族现代文明，努力建设中国式现代化强国。

为了更好地向大众普及科学文化知识，我们从《中国大百科全书》第三版中选取一些条目，通过"人居环境""科学通识""地球知识""工艺美术""动物百科""植物百科""渔猎文明""交通百科"等主题结集成册，精心策划了这套大众版图书。其中每一个主题包含不同数量的分册，不仅保持条目的科学性、知识性、准确性、严谨性，而且具备趣味性、可读性，语言风格和内容深度上更适合非专业读者，希望读者在领略丰富多彩的各领域知识之时，也能了解到书中展示的科学的知识体系。

衷心希望广大读者喜爱这套丛书，并敬请对书中不足之处给予批评指正！

《中国大百科全书》编辑部

"自然百科"丛书序

在浩瀚的宇宙中，我们人类不过是一粒微尘，然而正是这粒微尘却拥有探索宇宙、理解自然、感悟生命的渴望。"自然百科"丛书旨在成为连接人类与自然万物的桥梁，通过《恒星》《太阳系》《山》《岩石》《矿物》《荒漠》《土壤》《湖》八个分册，带领读者踏上一段从宇宙深处到地球家园的多彩旅程。

《恒星》分册，我们从恒星形成讲起，它们不仅是夜空中闪烁的光点，更是宇宙历史的见证者。人类对恒星的观察和研究，不仅推动了天文学的发展，也让我们对宇宙有了更深的认识。

《太阳系》分册，我们将目光转向我们所在的太阳系，从太阳的炽热核心到遥远的柯伊伯带，探索八大行星的奥秘，以及那些无数的小天体。太阳系的研究，让我们对宇宙有了更深的理解，也让我们意识到在宇宙中，我们并不孤单。

《山》分册，我们回到地球，探索那些巍峨的山峰。它们塑造了地形，影响了气候，孕育了生物多样性。山与人类文明的发展紧密相连，无论是作为屏障还是通道，它们都是人类历史的重要组成部分。

《岩石》分册，我们深入地壳，了解构成地球的基石——岩石。岩石的种类、形成过程及它们在地质学中的作用，都是我们理解地球历史的关键。岩石是地球历史的记录者，它们见证了地球的变迁和生命的演化。

《矿物》分册，我们进一步探索岩石中的宝藏——矿物。矿物不仅是工业的原材料，也是自然界的艺术品。它们的独特性质和美丽形态，激发了人类对自然美的欣赏和对科学探索的热情。

《荒漠》分册，我们转向那些看似荒凉的荒漠。荒漠并非生命的禁区，而是适应极端环境生物的家园。荒漠的研究，让我们认识到地球生命的顽强和多样性，也提醒我们保护环境的重要性。

《土壤》分册，我们深入地球的皮肤——土壤。土壤能不断地供给植物所需的水分和养分，是农业生产的基本资料，是人类生存不可或缺的自然资源。对土壤的研究，让我们认识到土壤健康以及保护土壤的重要性。

《湖》分册，我们聚焦于那些静谧的湖泊。湖泊不仅是水资源的宝库，也是生态系统的重要组成部分。湖泊的研究以及它们对人类社会的影响，是我们理解地球水循环和保护水资源的关键。

"自然百科"丛书不仅是知识的汇集，也是启发思考的源泉。它帮助我们认识到，从宇宙到地球，每一个自然事物都与我们息息相关。通过这些知识，我们可以更好地理解我们所处的世界，更加珍惜和保护我们的自然环境。让我们翻开这些书页，一起探索、学习、感悟，与自然和谐共生。

自然百科丛书编委会

目　录

第 1 章　沙漠　1

第5章 荒漠植物 91

第6章 荒漠动物 117

第7章 荒漠土壤 141

第8章 荒漠化防治 145

沙漠

沙漠是干旱地区地表大片为沙丘覆盖的区域，全称沙质荒漠。广义的沙漠与荒漠相当；狭义的沙漠仅指沙质荒漠。而一般意义上的沙漠泛指风为主要营力，侵蚀和堆积形成地形形态的地区。除沙质荒漠外，还涵盖了砾质荒漠和风蚀地。"沙漠"一词最早见于《汉书·苏建传》："径万里兮度沙漠，为君将兮奋匈奴。"在这之前的文献多以流沙称呼，"沙漠"一词的出现显示古人的眼光已从流沙覆盖拓展到更广阔的区域。汉唐文献的大漠、沙碛均与沙漠同义。宋元文献中开始出现从少数民族语音译的词汇，如从维吾尔语音译的库姆，指大片裸露沙丘覆盖的地区；用戈壁来称谓砾质荒漠。

◆ **世界沙海**

全球有沙漠540万平方千米，约占陆地面积的10.11%。面积超过20万平方千米，连片的有八大沙漠，分布在阿拉伯半岛、中亚和澳大利亚。位于阿拉伯半岛的鲁卜哈利沙漠面积65万平方千米，为世界第一大沙漠，同时也是世界第一大流动沙漠；其次为澳大利亚的大沙沙漠（面积36万平方千米）和中亚的卡拉库姆沙漠（面积35万平方千米）；

分布在中国新疆塔里木盆地的塔克拉玛干沙漠，面积居世界第四位，是世界第二大流动沙漠，植被盖度不足 15%，是世界沙漠中植被盖度最小的沙漠，从这一角度可以说是世界上流动性最大的沙漠。位于北非撒哈拉沙漠的沙质荒漠面积 180 万平方千米，但被砾漠和岩漠分割成许多小沙漠，较大的东部大沙漠面积 19.2 万平方千米，西部大沙漠面积 10.3 万平方千米。撒哈拉是世界上最大的荒漠，但习惯上仍称为"撒哈拉大沙漠"。从撒哈拉沙漠西端的非洲大西洋沿岸向东，越过撒哈拉、西奈半岛和红海进入亚洲阿拉伯半岛，再经伊朗高原、中亚，直到蒙古高原和中国西北，沙漠集中分布，包括世界第一大荒漠和五大沙漠，组成了贯通非、亚大陆，东西延伸 7000 多千米的沙漠带。

依据沙漠水分条件和沙丘固定状况，分为流动沙漠、半固定沙漠和固定沙漠（地）。全球的流动沙漠主要分布在北非、阿拉伯半岛和中国西北地区，面积约 350 万平方千米，占全球沙漠总面积的 65%，其他地区零星分布。这些地方年降水量一般在 100 毫米以下，沙丘高大密集，人烟稀少。沙漠治理只限于防护新、老绿洲，工矿交通及城镇居民点。其余年降水量 100 毫米以上的固定、半固定大沙漠面积约 190 万平方千米，主要分布在南非、中亚、印巴边界、澳大利亚和中国东部、新疆北部和青海柴达木盆地，气候环境或为季风气候、地中海气候，或为高原气候。流沙呈斑块状或条带状出现，并且往往与人为破坏沙生植被有关。适度放牧和封育天然沙生植被是治理的关键。湿润和半湿润地区的海岸沙丘面积 3 万平方千米，沿海岸线窄带状分布。治理沿海风沙危害，开发海岸沙地旅游度假已成为时尚。

◆ **中国沙漠**

中国地理学界把分布在贺兰山以西、主要由流动沙丘组成的干旱荒漠地区直呼沙漠，如塔克拉玛干沙漠、巴丹吉林沙漠、腾格里沙漠、乌兰布和沙漠等；把水分条件较好，以固定、半固定沙丘为主，分布在半干旱草原，以及部分半湿润地区疏林草原的沙漠称为沙地。中国沙漠（沙地）、戈壁、风蚀地和沙漠化土地的总面积约 156.8 万平方千米。其中，沙漠面积 68.4 万平方千米（含东部沙地 10.3 万平方千米）、流动沙漠 44.6 万平方千米、半固定沙漠 14.4 万平方千米、固定沙漠 9.4 万平方千米。东部和南部沿海有约 2000 平方千米的海岸沙丘，黄淮海平原、青藏高原，以及南方河、湖沿岸也有零星沙地，除青藏高原外，多已得到治理或正在治理，或开发为农田。

撒哈拉沙漠

撒哈拉沙漠是世界最大的沙漠，阿拉伯语意为大荒漠，位于阿特拉斯山脉和地中海以南，约北纬 14°（250 毫米等雨量线）萨赫勒以北，西起大西洋海岸，东到红海之滨。横贯非洲大陆北部，跨埃及、苏丹、利比亚、乍得、突尼斯、阿尔及利亚、尼日尔、摩洛哥、马里、毛里塔尼亚、阿拉伯撒哈拉民主共和国等 11 个国家和地区。东西长达 4800 千米，南北宽约 1900 千米，面积约 860 万平方千米，约占非洲总面积的 30%。其中，被戈壁（砾漠）、岩漠所分割的沙漠总面积 180 万平方千米，占 21%。砾漠面积最大，占 69%；石质山地和岩漠占 10%。

撒哈拉沙漠地区为一个起伏不大又有多种地貌类型的辽阔高原。一般海拔 200 ～ 500 米。中部有一条北西—南东向高地，包括阿哈加尔高原、提贝斯提高原等；地势向四周逐渐降低，递变为一系列低高原和盆地。第三纪、第四纪火山活动在高原上形成不同形态的火山，其中提贝斯提高原的库西山海拔 3415 米，为本地区最高峰。埃及西北部盖塔拉洼地最低处海拔 -133 米。高地四周，放射状干河谷相当密集。源于阿哈加尔高原最长的干河谷，南抵尼日尔河，北达加西附近低地。干谷（间歇河谷）在广大平缓地区纵横交织，被称为"河流的僵尸"，是撒哈拉沙漠地貌上的一个重要特征。除山地、高原外，全区基本上是由错综分布的闭塞盆地构成，盆地大多海拔 50 ～ 200 米。间歇河呈辐合状消逝在盆地之中。地貌主要为风成地貌，包括沙丘、沙质荒漠、岩漠、冰水平原、干谷及盐盘，较特殊的地貌有毛里塔尼亚的理查特结构。石漠多分布在撒哈拉中部和东部地势较高的地区，或岩石裸露或仅为一薄层岩石碎屑。砾漠多见于石漠与沙漠之间，主要分布在利比亚沙漠的石质地区、阿特拉斯山、库西山等山前冲积扇地带。沙漠分布最为广阔，面积较大的称为沙海，由复杂而有规则的大小沙丘排列而成，形态复杂多样，有高大的固定沙丘，有较低的流动沙丘，还有大面积的固定、半固定沙丘。固定沙丘主要分布在偏南靠近草原地带和大西洋沿岸地带。从利比亚往西直到阿尔及利亚西部是流沙区。流动沙丘顺风向不断移动。在撒哈拉沙漠曾观测到流动沙丘一年移动 9 米的记录。

全境处于副热带高压带控制下，全年大部分时间盛行干热的哈马丹风，形成典型的热带沙漠气候。大部分地区年降水量在 50 毫米以下，内陆有的地方甚至多年无雨，降水年变率很大。蒸发旺盛，潜在年蒸发量在 2000 毫米以上，高者达 4500 ～ 6000 毫米，气候极其干旱。年平均气温一般在 25℃ 以上。7 月平均气温在 35 ～ 37℃ 以上，绝对最高气温超过 50℃，而且高温持续时间很长。利比亚阿齐齐耶绝对最高气温曾达 58℃，有世界热极之称。气温日较差大，一般为 15 ～ 30℃，科罗托罗曾观测到 38.2℃ 的绝对日较差。太阳能资源极其丰富，年日照时数一般都在 3600 小时以上，中部可达 4300 小时。

境内除东部有尼罗河贯穿外流，从中非横跨沙漠北流到地中海以外，皆为内流区或无流区，无常流河，干河谷只降雨时短暂有水。部分干河谷是第四纪温暖湿润时期形成的，当时大量降水下渗，成为撒哈拉沙漠地下水的主要来源。地下水的勘探、开发受到广泛关注，在阿特拉斯山前凹陷地区和中部高地干河谷及小盆地中，由于地下水出露，形成许多绿洲，成为沙漠中主要经济活动地区。绝大部分绿洲利用地下水进行灌溉，灌溉方式有坎儿井灌溉、井灌、泉水灌溉等。

撒哈拉沙漠植物贫乏，且大部分是旱生植物和短生植物。除绿洲外，乔木和灌木丛极为罕见。沙漠南缘一带植物覆盖较好，分布有灌丛和硬质禾本科草类，以三芒草最多。大西洋沿岸的狭长地带，有较繁茂的多汁大戟属植物。阿哈加尔高原和提贝斯提高原一带有地中海类型树种，如金合欢、无花果树、橄榄树、夹竹桃等。一些干谷中有柽柳属植物。绿洲中植物较茂盛，主要是枣椰，品种有 20 ～ 30 种。此外，不少地方还散生有矮小的豆科、菊科和十字花科植物。

为适应荒漠生态环境，沙漠中动物具有耐渴、耐饥、视觉和听觉发达以及奔跑迅速的特性。多聚居在干谷、绿洲和湖泊附近草木丰盛处。

主要有爬行动物、鸵鸟、鼠类、羚羊、蝙蝠、猬、狐和骆驼。

撒哈拉地区地广人稀，平均每平方千米不足1人。最主要的语言是阿拉伯语变体，从大西洋一直到红海，以阿拉伯人为主，其次是柏柏尔人。柏柏尔人分布在西埃及到摩洛哥之间的地带，包括西撒哈拉的图瓦雷克人。贝贾人分布在埃及东南的红海丘陵及东苏丹。居民和农牧业生产主要分布在尼罗河谷地和绿洲，其余为游牧区。20世纪50年代以来，沙漠中陆续发现丰富的石油、天然气、铀、铁、锰、磷酸盐等矿。石油储量约占非洲的59%。利比亚、阿尔及利亚已成为世界主要石油生产国，尼日尔成为著名产铀国。1984年建成纵贯撒哈拉沙漠公路干线，连接阿尔及利亚、马里、尼日尔、尼日利亚等国，全长8000多千米。

利比亚沙漠

利比亚沙漠是北非撒哈拉沙漠的一部分。位于尼罗河以西的埃及、苏丹、利比亚境内，从利比亚东部起，经埃及西部，延伸至苏丹西北端。面积约200万平方千米，海拔400～500米，最高点为三国交界处的欧韦纳特山，海拔1934米；最低处为埃及的盖塔拉洼地，在海平面以下133米。地势自南向北微缓倾斜。基底是呈水平分布的努比亚砂岩和白垩纪石灰岩；西南部较高，主要由结晶岩构成，局部地区上覆第三纪岩层。西部以石漠为主，东部以流沙为主。地表大部覆盖流沙，形成面积广大的沙海，巨大的新月形沙丘高30～40米，宽200～300米。在风力作用下，流沙每年平均向西南流动15米。利比亚沙漠是世界上最干燥地区之一，降水十分稀少，地表水贫乏。地下水埋藏较深，出露处形成绿洲，如锡瓦、库夫拉、哈里杰、拜哈里耶、达赫拉绿洲等。居民多集中在绿洲。主产椰枣。北部富石油资源。利比亚沙漠埃及部分称西部沙漠，第二次世界大战中在此发生过激战。

东部大沙漠

东部大沙漠是阿尔及利亚的沙漠，主要分布在阿尔及利亚东部，是撒哈拉沙漠的一部分，东北部延伸到邻国突尼斯。面积约 10 万平方千米。大部为高达 300 米的条垄状沙丘，受稀疏的禾草类植物固定。沙丘间有多条砾石和黏土组成的干谷。沙漠边缘有瓦尔格拉、埃达米斯等绿洲。重要的石油产区，北部有阿尔及利亚最大的哈西迈斯欧德油田，1956 年发现。还有加西泰维勒油田等。

阿拉伯大沙漠

阿拉伯大沙漠在阿拉伯语中统称为 wadi，译作"干河（谷）"，位于亚洲西南部的阿拉伯半岛上。范围广阔，西近红海，北接叙利亚沙漠，南临阿拉伯海和亚丁湾，东和东北近波斯湾、阿曼湾和阿拉伯海。地跨沙特阿拉伯、也门、阿曼、阿拉伯联合酋长国、卡塔尔、科威特 6 国，兼及周边某些国家（约旦和伊拉克）的部分地区。面积 233 万平方千米，约占阿拉伯半岛面积（322 万平方千米）的 3/4。地质构造上可分为两大部分：西部属古老的非洲－阿拉伯地盾，由火成岩与变质岩组成；东部是年代较新的沉积岩，从地盾边缘向波斯湾盆地倾斜。所谓"阿拉伯大沙漠"乃一非常概括性的称呼，实际是以沙漠为主体的多个沙漠（包括石质荒漠），以及穿插其间众多高原、平原、草原和绿洲的总称。沙（荒）漠按方位自北而南，包括内夫得沙漠、小内夫得沙漠、代赫纳沙漠、哈萨沙漠、贾富拉沙漠、代希沙漠、里马勒沙漠、鲁卜哈利沙漠、穆哈泰里代沙丘群等大小不同、名称各异的地理单元。地表基本缺乏长流水，除边缘个别地区，绝大多数所谓的河流，都是平时干涸，遇雨或大雨后才形成水流，雨后又迅速见底。阿拉伯沙漠是沙漠及旱生植物区生物群落和古北界生态带的一部分。家畜的过度放牧、越野驾驶及人为栖地破坏，是此沙漠生态区最大的威胁。

鲁卜哈利沙漠

鲁卜哈利沙漠是阿拉伯半岛面积最大的沙漠。呈东西向横亘于半岛南部，大部分在沙特阿拉伯境内，小部分属于阿曼、也门和阿拉伯联合酋长国。"鲁卜哈利"阿拉伯语的本义为"四分之一"。最长 1200 千米，最宽 640 千米，面积 65 万平方千米，实际约为半岛面积（322 万平方千米）的 20.2%。地质上是一个巨大的构造盆地，海拔一般在 200 米上下，最高 673 米，最低 92 米。因过于广袤，阿拉伯人往往给自己所在的沙漠取以不同的名字，边缘部分情况尤其如此。整个沙漠大致分为两大部分，以东经 50° 为中线，以东为东部，以西为西部。东部由大量平行连绵的沙丘构成，有的长达数十千米，高达 300 米。这部分有较为丰富的地下水，水味微咸，水位较高，可以放牧的地方较大，条件较为良好。西部最远延伸到奈季兰一带，多为干燥的不毛之地，很少降水，结构较为疏松。鲁卜哈利沙漠是世界上最干旱的地区之一，年降水量通常少于 35 毫米，1 月的日平均相对湿度约为 52%，6 月至 7 月的日平均相对湿度为 15%。7 月和 8 月的日最高平均温度为 47℃，甚至达到 51℃ 的峰值。无人居住并且基本上未开发，但其地下埋藏有大量石油，该沙漠东北部的盖瓦尔油田是世界上最大的油田。

卡拉哈迪沙漠

卡拉哈迪沙漠是非洲南部沙漠，又称卡拉哈里沙漠，位于卡拉哈迪盆地西南部，包括博茨瓦纳中西部和西南部、纳米比亚东南部以及南非的西北部。面积约 26 万平方千米。海拔 900 ～ 1300 米，地势起伏平缓。西部是连绵不断的新月形沙丘，凸面朝着风源，其余地区多固定或半固定沙丘、沙地。蚀余山脊、孤丘和古河谷形态也构成引人注目的地形特征。古河谷深入沙漠变成一串串浅盆地和盐碱洼地。荒漠气候，昼夜温差大，冬季常出现冰冻，夏季最高气温可达 47℃；降水稀少，限于局部地区，且不规则。年降水量 100 ～ 400 毫米。有些地方植被发育较好，有灌木和草丛，多块茎状和鳞茎状植物。动物中以各种羚羊引人注目，建有卡拉哈迪跨国公园。1849 年英国探险家 D. 利文斯敦和 W.C. 奥斯韦尔首次横穿沙漠。1878 ～ 1879 年大队布尔人穿越沙漠时，有 250 人和 9000 头牛死于途中。人烟稀少，居民主要是班图语系黑人和布须曼人。

纳米布沙漠

纳米布沙漠是非洲西南部大西洋沿岸沙漠，纵贯纳米比亚西部沿海，长约 1300 千米，宽 80 ～ 130 千米。为一带状沿海平原沙漠，属变质岩和花岗岩台地，海拔一般不超过 500 米，地势从沿岸向内陆呈阶梯状升高。北部受河流深切，多峡谷。南半部大多为流沙覆盖，有些沙丘长 16～32 千米，高 60～240 米。最南部沿海有风蚀基岩和许多移动性的新月形沙丘，有的地段流动沙丘被河流所阻，致使河流另一侧呈沙原状，形成河流两侧截然不同的风沙地貌。沿海分布有一系列的沙嘴和沙滩。沙漠中有蚀余高地和尖顶山。气候干燥，年降水量一般不足 50 毫米，有的年份滴雨不降。水系不发达，仅北部的库内内河和最南部的奥兰治河等较大河流为常流河，其余均为干河，只在内陆高原降大雨时才形成地表径流。沿岸地带受本格拉寒流的影响，空气相对湿度较大，并多雾，成为"冷性沿岸沙漠"。沿海月平均最高气温 19～20℃，比内陆低 5～6℃以上；日较差和年较差均很小；冬季偶有霜冻。植物稀少。沿岸地带有连片的低矮肉质植物，固定沙地有灌木和草类，较大河流沿岸有金合欢等树木。南部吕德里茨一带富金刚石矿。

泰内雷沙漠

泰内雷沙漠位于尼日尔东部，西邻阿伊尔高原，西北连阿哈加尔高原，东北接贾多高原，南向乍得盆地敞开，广义的泰内雷沙漠亦包括向东延入乍得的一小部分。居撒哈拉沙漠中部南侧，为一片东西北三面高、向南倾斜的沙漠平原。面积 40 万平方千米，接近全国面积的三分之一。"泰内雷"一词来自塔马谢克语，即"沙漠"之意。气候极为干燥，水源奇缺，是地球上年降雨量最少的地区，平均年降水量仅为 10～15 毫米。也是地球上日照时数最多的地区之一，年日照时数可达

4000 小时。沙漠中几乎无植物生长，人烟稀少，被称为"撒哈拉沙漠的腹地"，仅在法希和比尔马两绿洲中有少量椰枣树和农作物。泰内雷沙漠内交通困难，从阿加德兹经法希至比尔马的东西向商路是唯一通道。其干旱地貌类型多种多样，主要由石漠（岩漠）、砾漠和沙漠组成。石漠多分布在中部和东部地势较高的地区，尼罗河以东的努比亚沙漠主要也是石漠。砾漠多见于石漠与沙漠之间，主要分布在利比亚沙漠的石质地区、库西山等山前冲积扇地带。

阿塔卡马沙漠

阿塔卡马沙漠是智利北部沙漠，位于南纬 18°～27°，从秘鲁－智利边界沿太平洋海岸向南伸延至科皮亚波河。主要包括太平洋沿岸荒漠和山地盐生荒漠以及东边安第斯山脉底部的冲积扇。长度约 1600 千米，宽度最宽 180 千米，面积约 10.5 万平方千米。主体位于智利北部境内，一小部分位于秘鲁、玻利维亚、阿根廷。绝大部分在安托法加斯塔和阿塔卡马两个区内。从亚马孙盆地吹来的潮湿气团被安第斯山脉阻挡以及秘鲁寒流带来的南极冷水，使这片沙漠地带几乎终年无雨。阿塔卡马沙漠是地球上最干旱的地区之一，人称"旱极"。绝少生物得以存活，只有极少数地衣、仙人掌生长。19 世纪时分属智利、玻利维亚和秘鲁。为争夺该地区资源，三国于 1879～1883 年爆发南美太平洋战争，又称硝石战争，智利获胜，遂永久占有这块沙漠地区的绝大部分。荒漠下蕴藏着丰富的矿藏，盛产铜，有世界最大的丘基卡马塔露天铜矿，也是世界上唯一的天然硝石产区。第一次世界大战前，硝石开采极为繁荣，智利硝石垄断世界市场，已少量开采。

塞丘拉沙漠

塞丘拉沙漠是秘鲁沙漠，位于太平洋沿岸北部皮乌拉省西南和兰巴耶克省西部，为一片由第三纪沉积物形成的高原，最宽处 150 千米。地处热带，因受秘鲁寒流影响，气候干燥。其间散布大小不等的沙洲和沙丘，呈波浪起伏状。内有尼亚皮克和拉蒙两个小湖，其中拉蒙湖是 1983 年因洪水泛滥形成的一个长 100 千米、宽 60 千米的小湖泊。降水多时，可每 10 年或 20 年周期性地变成广阔的牧草丰盛之地。栖居着当地特有的鸟类，有角豆树、人心果树等植物。

奇瓦瓦沙漠

奇瓦瓦沙漠是墨西哥面积最大的沙漠，北美洲第二大沙漠，横跨墨西哥和美国，面积 36 万平方千米。美国部分延伸至得克萨斯州、新墨西哥州和亚利桑那州，墨西哥部分深入奇瓦瓦州、科阿韦拉州和杜兰戈州。东西两侧的马德雷山脉阻挡了来自墨西哥湾和太平洋的潮湿气流。冬季寒冷，夏季炎热，年降水量少于 250 毫米，年平均气温 35 ～ 40℃。灌木沙漠，多年生植物种类少，以藜科为主。奇瓦瓦沙漠是世界上仙人掌种类最多的地区，且有世界上最大的水晶洞穴。

维多利亚大沙漠

维多利亚大沙漠是澳大利亚西部沙漠南缘部分，又称爱普森沙漠，横跨西澳大利亚州和南澳大利亚州。西起巴利湖及卡尔古利地区，东至斯图尔特岭；北接吉布森沙漠，南邻纳拉伯平原。澳大利亚最大的沙漠，由许多小沙丘、草原平原、卵石密集的地区（称为沙漠路面或吉布尔平原）和盐湖组成。是澳大利亚临时的生物地理分区。该区具有文化意义的原始干旱地带荒野，是世界 14 个生物圈保护区之一。东西长超过 700 千米，南北宽约 500 千米。沙漠面积约 34.88 万平方千米。平均海拔 150 ～ 300 米。平均年降水量 200 ～ 250 毫米。夏季白天的温度范围为 32 ～ 40℃，而在冬季，温度范围为 18 ～ 23℃。境内大部分为浩瀚沙丘，部分为草地、盐沼，植物稀少。植物主要有桉树、尤加林桉树、马尔加灌木和三齿稃草。沙漠动物主要包括多种类的蜥蜴、小型有袋动物、胸白纹胸鹩、槌头鹩、澳大利亚野狗。东端大部分属土著居民保留地，是澳大利亚土著人口最多的地区。人类活动主要为采矿和核武器试验。有数处国家公园和保护区。

大沙沙漠

大沙沙漠是澳大利亚西部沙漠北缘部分，又称坎宁沙漠、西部沙漠。大部分位于西澳大利亚州境内。西起印度洋岸约 128 千米的海滩和皮尔伯里地区，东至北部地区边界以东，北起金伯利高原，南达南回归线和吉布森沙漠，范围大致与坎宁盆地相同。东西长约 1500 千米，南北宽约 250 千米。面积 28.50 万平方千米。平均海拔 400 ～ 500 米。年降水量 250 ～ 300 毫米。降水主要来自季风云团或热带气旋，变率很大。蒸发量远远超过降水量。广袤荒漠上有大片盐沼和飘刺沙丘，仅中部地区为石漠。植物群落以沙漠草地、低矮林地和灌木为主。动物资源较为丰富，其中哺乳动物 32 种，包括长耳蝙蝠、果蝠、袋鼠以及勒达尔河国家公园内的野狗、球尾袋小鼠等；鸟类数百种，仅在乌卢鲁－卡塔楚塔国家公园就发现 180 种，多为彩色鹦鹉。爬行和两栖动物共 75 种，其中澳大利亚魔蜥为当地特有品种。部分地区有含油构造，但尚未发现可供工业开采的油气田。有 1600 千米长的坎宁游牧道路从西南向东北穿过沙漠。沙漠人烟稀少，主要的人口集中在传统的土著居民点和采矿区域。沙漠地区的土著居民主要分为两个群体：西部的马尔图族和东部的平图皮族，他们讲多种西部沙漠语言。在 20 世纪时，许多土著居民被迫离开他们的居住地，迁移到北部地区的帕普尼亚等定居点。

东南沙漠

东南沙漠是位于巴基斯坦信德省的东北部巴哈瓦尔布尔的沙漠，又称焦利斯坦沙漠、鲁西沙漠。覆盖巴哈瓦尔布尔的东部、海尔布尔的东部和塔帕卡县的绝大部分。巴哈瓦尔布尔干涸的加加尔河河床将东南沙漠与其西侧的印度河平原灌溉区分隔开。东南沙漠覆盖着大片的沙丘和沙脊，沙丘的高度有时甚至高于周围 150 米。南部地区的沙丘基本呈纬向排列，受南风和风速减小影响，北部地区的沙丘则转为经向排列。降水稀少，地下水水位较低。土地贫瘠。仅有矮小、多刺的灌木，且大多数是阿拉伯胶树。

塔尔沙漠

塔尔沙漠是南亚的沙荒地区，位于恒河平原、阿拉瓦利岭、卡奇沼泽地和旁遮普平原之间，沙漠面积约 26 万平方千米。横跨巴基斯坦和印度两国，印度境内的又称印度大沙漠。由沙丘、沙质平原和陡立的荒芜丘陵构成，地势起伏不平。沙丘多移动不居，形状和大小不时变化；较老沙丘固定或半固定，一般高 30 ～ 90 米，最高 150 米。大多为无常流河的内流区，仅雨后出现若干季节性溪流，有少数小盐湖。年降水量西部为 100 毫米，东部变率大，为 150 ～ 250 毫米。气候炎热，5 ～ 6 月气温可达 48 ～ 51℃；1 月气温平均也在 5 ～ 10℃，有霜降。5 ～ 6 月常有强烈沙暴，风速常在 140 ～ 150 千米 / 时。地下水位低，水质咸，生活用水多仰赖池存雨水。仅在沙漠中部发现有优良含水层。居民不农即牧。20 世纪 60 年代印巴签订用水协定后，双方都在塔尔沙漠地区大力发展灌溉工程。巴基斯坦建有苏库尔水坝，灌溉塔尔沙漠南部一带，北部地区则有甘格灌渠；印度辟有长 500 千米的拉贾斯坦邦灌渠。有水源灌溉的地方出产小麦、棉花、甘蔗、粟、芝麻、豆类和辣椒。矿藏有褐煤、天然气、石膏、石灰石、斑脱岩和玻璃砂等。另产湖盐。

叙利亚沙漠

叙利亚沙漠是亚洲西南部的干旱荒漠，又称叙利亚草原或约旦草原，属半荒漠和草原地带。面积约 50 万平方千米，包括叙利亚东南部、约旦大部、沙特阿拉伯北部和伊拉克西部，占约旦国土面积的 85%，占叙利亚国土面积的 55%。南边与阿拉伯沙漠接壤。地势开阔，多岩石或砾石的沙漠，偶有沟壑。北部主要是肥沃的草地。一些学者认为，叙利亚沙漠等同于哈马德沙漠。在伊拉克境内的叙利亚沙漠东段，也被称为伊拉克的西部沙漠。沙漠中部是哈马德高原，海拔 700 ～ 900 米，地势平坦，属多石的半沙漠地区，基岩为石灰岩，多覆盖着燧石、砾石。有少量雨水流入当地的盐滩。

克孜勒库姆沙漠

克孜勒库姆沙漠又称克孜尔库姆沙漠、克齐尔库姆沙漠。位于中亚阿姆河与锡尔河之间的河间地，包括哈萨克斯坦、乌兹别克斯坦和部分土库曼斯坦领土，总面积约为 30 万平方千米。沙漠主要由平原构成，也有部分低地和丘陵，海拔最高为 300 米。境内也有封闭盆地和孤山，海拔高达 922 米。地势由东南向西北倾斜。大部分地区被沙所覆盖，沙垄较多，一般高 3～30 米，最高可达 75 米，多小绿洲。西北地区多龟裂地，部分地区有黏土覆盖。由于地处内陆，属于温带大陆性气候，夏季炎热。年降水量仅为 100～200 毫米。沙漠动物包括北部的赛加羚羊与一种体长最长可达 1.6 米的跨里海沙漠蜥蜴。矿藏主要为金、银、铜、铝、铀以及石油和天然气。

卡拉库姆沙漠

卡拉库姆沙漠是中亚南部大沙漠，突厥语意为"黑沙漠"，面积约35 万平方千米，覆盖了土库曼斯坦 70% 的国土，西面是里海，北面是咸海，东北面是克孜勒库姆沙漠，东南面是阿姆河与兴都库什山脉。沙漠地势起伏明显，可再细分成三部分，北部为外温古兹高原，中部为低地平原，东南部为由一系列盐沼贯穿的乌兹博伊干河床。境内半固定沙脊，高度在 75～90 米。大新月形沙丘（有的高达 9 米）占该地区 1/10

的面积。属大陆性气候，1月平均气温北部 -5℃，南部 3℃，7月平均气温 28 ~ 34℃，气温日较差达 50℃。平均年降水量北部 60 毫米，南部 150 毫米。沙漠植被类型有草本、矮灌木、灌丛和丛林。有些植被可作冬天骆驼、绵羊及山羊食用的干草。沿阿姆河、捷詹河、穆尔加布河等绿洲生长优质长绒棉。境内建有工厂、石油和天然气输送管道、铁路、公路以及发电厂。南部建有卡拉库姆运河。

蒙古戈壁 – 沙漠

蒙古戈壁 – 沙漠是国际上对蒙古高原和中国西北干旱荒漠区的通称。西方地理学家把亚洲腹地统称为中亚细亚，简称中亚。中亚是温带沙漠集中的区域，位于天山以东的蒙古戈壁 – 沙漠以广袤的戈壁分布为特色，是中亚荒漠的重要组成部分和横跨非亚大陆的北半球荒漠带的最东端。主要分布在蒙古高原和中国西北内陆盆地中，总面积 160 多万平方千米。蒙古国境内有荒漠面积 52 万平方千米，多为砂砾质或岩石戈壁，零星分布的沙丘仅有 1.5 万平方千米；中国西北有沙漠（地）60 多万平方千米，戈壁和风蚀地 52 万多平方千米。其中，塔克拉玛干沙漠面积 33.76 万平方千米，是继阿拉伯半岛的鲁卜哈利沙漠之后的世界第二大流动性沙漠。

蒙古戈壁 – 沙漠属温带沙漠，干旱气候的形成与青藏高原的高度隆起有关。中蒙边界一带为著名的瀚海，蒙古国南部与中国相邻的省份皆以戈壁命名，如南戈壁省、东戈壁省、阿尔泰戈壁省，并以黑色戈壁著称于世。这里戈壁的岩石并非黑色，而是戈壁表面有一层被称为"沙漠漆"的黑色膜渲染所致。历史上，瀚海戈壁成为一片难以逾越的天险，受戈壁的阻隔，形成漠南、漠北两个地理分区。

塔克拉玛干沙漠

塔克拉玛干沙漠是中国最大的沙漠，世界上面积第二大的流动性沙漠，位于中国最大的内陆盆地新疆维吾尔自治区境内塔里木盆地中心，介于东经 77°～90°，北纬 37°～41°。狭义的塔克拉玛干指叶尔羌河以东、塔里木河下游走廊以西连片的沙漠；广义的塔克拉玛干还包括喀什三角洲上的布古里沙漠、托格拉克沙漠，罗布泊与塔里木河下游之间的库鲁克库姆。此外，在塔里木河以北的天山山前地带也有零星的沙漠分布。东西长约 1100 千米，南北宽 550 千米，面积约 33.76 万平方千米，占全国沙漠面积的一半之多。

中国最古老的地理著作《禹贡》《山海经》，以及《史记》《汉书》《大唐西域记》《西域水道记》都不乏对这片沙漠的记载，称其为流沙、大漠、瀚海。直到 20 世纪才有了塔克拉玛干的称呼。"塔克拉玛干"语汇的由来和含义至今说法不一，最常被人们解释为进去出不来、过去的家园、被遗弃的地方。1895 年 2 月，瑞典探险家 S. 赫定带领一支队伍进入塔克拉玛干，遇到沙暴，驼队和雇员几乎全部丧身沙海，他只身获救后惊呼"这是死亡之海"，更加深了人们对这片沙漠的恐惧心理。后来，"死亡之海"成为塔克拉玛干沙漠的别称。

◆ 形成演化

塔克拉玛干沙漠的形成演化与构造运动和古地理轮廓有关。塔里木盆地原是古地中海（特提斯海）的一个海湾——塔里木湾。新近纪以来，印度板块与欧亚大陆板块强烈碰撞，青藏高原和包括帕米尔高原、昆仑山、阿尔金山和天山在内的盆地周边山地隆起，塔里木海湾随同古地中海一起消失，一个深居内陆的盆地逐步形成。盆地形成后，四周的高山阻挡了外围湿润气流的进入；同时，从周围山地下沉进入盆地的气流又具有焚风效应，使盆地中的空气变得十分干燥；四周高山风化侵蚀的碎屑通过河流和洪沟向盆地中搬运堆积，为沙漠的发育提供了丰富的物质来源。塔里木盆地的干旱环境可上溯到白垩纪，但具有现代干旱特征的沙漠环境始于新近纪末，成于第四纪初。早更新世，盆地中东部首先出现风沙堆积；中更新世晚期，开始出现大片沙漠；晚更新世，塔克拉玛干沙漠初具规模。全新世以来，青藏高原及周边山地继续抬升，加剧了塔里木盆地的干旱化。整个全新世都处于以干暖与干冷交替为特征的极端干旱荒漠气候环境，并表现为沙漠范围和面积上有盛衰的周期性变化。

◆ **沙漠气流**

塔里木盆地是三面环山的半开放型盆地，地势由西部海拔1000～1200米降至东部最低点（罗布泊）780～820米。内部有许多较小的盆地及台凸和隆起，构成不同尺度的地形起伏。地理位置和高原盆地地形决定了特定的环流形式和较为复杂的局地环流特征，大面积沙漠和戈壁所构成的特殊下垫面，又进一步强化了地方性环流的特色。从风向组合上看，塔克拉玛干沙漠东部边缘呈现单一的东北风系，西部及西南边缘以西北风系为主，两组风系在麦盖提、金星和民丰一线交会；

沙漠北部边缘多数以北风为主，而沙漠内部以东北风为主，西北风、东南风均有出现。从风速的变化规律上看，上风向风速大于下风向风速，主控沙漠东西向风速变化；沙漠内部风速大于外围风速，主控南北向风速变化。沙漠东南部的若羌风速最高，与东风急流有关；沙漠南中部于田的风速最小，这是因为北东风和北西风均难以到达所致。起沙风强弱有风热同步的规律，炎热的夏季沙漠中局地气流复杂，常形成沙漠龙卷风。

◆ **基底构成和基础沉积**

塔克拉玛干下伏地形和沉积物成因类型可归纳为天山南麓洪积－冲积平原、塔里木河冲积平原三角洲和湖积平原、沙漠腹地低山残丘和垄岗、昆仑山—阿尔金山北麓暨沙漠南部洪积冲积扇平原和三角洲四大类。沙漠腹地塔里木河冲积泛滥平原和昆仑山北麓洪积冲积干三角洲平原交接于北纬40°、东经83°～85°，相当于穹状沙丘分布区的南界；克里雅河以东广泛分布近南北走向的第四纪垄岗地貌；沙漠腹地有近东西走向的麻扎塔格山和北民丰隆起；沙漠东部主要为罗布泊湖积平原和塔里木河、孔雀河下游三角洲平原。由各个沙源区的下伏沉积沙层就地起沙，经风力吹扬堆积而成。

沙漠沙粒度成分以细沙和极细沙为主。沙丘沙的平均粒径0.121毫米，以极细沙为主，占到45%；而下伏地层沙平均粒径值0.093毫米。其中，沙漠西南缘叶城、皮山一带最细（0.06～0.10毫米），南缘民丰一带最粗（0.14～0.18毫米），东部的罗布泊地区介于二者之间（0.11～0.18毫米）。塔里木河古冲积平原沙丘沙颗粒较细，例如塔中沙漠公路沿线沙粒平均粒径 0.083，在中国所有沙漠中最细，与世界其他地区沙漠沙比较，也属于较细范畴。

沙漠矿物组成：①沙漠南部沙源来自昆仑山和阿尔金山的河流沉积物，风成沙与河流沙的矿物成分以角闪石占优势（30.5%～53.1%），云母、绿帘石和金属矿物、重矿物组合相一致。②塔里木河流域的冲积沙和风成沙中，角闪石含量减少，云母则为主要成分（43.8%）。③沙漠东部的罗布泊地区以角闪石占优势（38.2%～51.0%），同时云母的含量也较高（19.6%～41.5%）。④西部喀什三角洲地区，由于河源来自不同山区，矿物组合比较复杂。

◆ **风沙地貌**

基于下伏地貌的成因类型，在干旱气候条件下，风和沙质地面相互作用，并受地面形态、水分植被条件和沙源供应的影响，形成了塔克拉玛干沙漠独特的风沙地貌。特点表现为：①风蚀地貌与风积地貌并存，大面积的沙丘体是几于等积的风蚀地貌演变而来。②风沙堆积地貌以流动沙丘为主（据卫星遥感数据，2010 年流动沙地占 67.67%，半流动沙地占 22.53%）。③沙丘高大，地貌类型复杂。高于 50 米以上的沙丘占流动沙丘面积的 80%，其中东部沙丘又高于西部。类型上包括单个沙丘、组合沙丘与复合沙丘 3 类 13 个亚类，有风沙地貌博物馆之称。④风沙地貌类型的空间分布具有一定的规律性。

沙丘分布及其形态与盛行风场关系密切：①在风向比较单一的地区，一般以新月形沙丘及沙丘链为主。②在具有多风向且风速大体相当地区出现金字塔沙丘，如沙漠南缘于田、且末之间的地区。③两组风向相交但交角不大的情况下，出现新月形沙垄。塔克拉玛干沙漠风况与沙丘类型间的关系，按风的组合状况分为 5 种类型，并分别有与之对应的沙丘类型，沙丘的排列方向与有效起沙风基本一致。

在塔克拉玛干沙漠西部地区，沙丘形态以新月形沙丘链和复合型新月形沙垄为主。①在麻扎塔格山和乔喀塔格山北侧有星状沙山和复合新月形沙丘，高度 100～150 米。受山体影响，沙丘走向在山北侧为北东—南西向，在山南侧为北西—南东向。②英吉沙、莎车一带的布古里沙漠主要为新月形沙丘链，托克拉克沙漠则以新月形沙丘链及由灌丛沙堆受风吹扬而成的纵向沙垄为主要形式，向东南方向移动。③和田河和安迪尔河之间的沙漠中部，境内除数条河流构成的绿色走廊外，皆为 100～150 米高的流动沙丘覆盖。④在克里雅河与和田河之间，主要为新月形沙丘链及复合型新月形沙垄。北部为 100～150 米高的复合型新月形沙垄，南部因北东风和北西风交替控制而形成格状沙丘。⑤尼雅河以东地区高大复合型沙垄可达 100 米以上，并有星状沙山及大片的红柳沙包分布，沙丘高度 10～40 米。如中东部的纵向复合型高大沙垄。

塔克拉玛干沙漠的东端为罗布泊洼地。罗布泊又称罗布诺尔，历史上有蒲昌海、盐泽、泑泽、牢兰海等名称，是新近纪末和第四纪初形成的断陷盆地，塔里木盆地塔里木河、孔雀河及车尔臣河等几条大河流的归宿地。20 世纪 50 年代以来，随着河流上游引水规模的不断扩大，河流断流，统一的河流水系趋于瓦解。罗布泊也因没有了水源于 70 年代彻底干枯，湖相沉积地层受到风蚀，形成雅丹、白龙堆风蚀地貌，新出露湖底布满富含钾盐的龟裂状盐壳，此处钾盐获得开采。

从周围高山上流入盆地的众多河流所挟带的大量岩石碎屑在山前堆积成戈壁带。沙漠以南的昆仑山山前戈壁带宽度较大,一般 30 ～ 50 千米,砾石层南厚北薄,东厚西薄,厚者可达 600 ～ 900 米,薄者则为 100 ～ 150 米;沙漠以北的天山因多山间盆地分割,山地狭窄,山前戈壁带也较窄,一般宽度只有 10 ～ 15 千米,规模较小,并且砾石层多含泥质或夹泥沙透镜体,因而大大降低了砾石层的透水性。沙漠周围镶嵌着总面积超过 8 万平方千米的自然和人工绿洲,耕地达 12000 平方千米。

◆ 文化与经济

古代丝绸之路沿沙漠南北的绿洲带穿越通往中亚和南亚。在沙漠里也留下众多的古城邦遗址,这些古城遗址和出土文物见证了古代西域的辉煌。20 世纪 50 年代,中国地矿工作者在塔里木盆地发现了石油、天然气。经过"三进沙漠"会战,于 1989 年在沙漠腹地发现工业性油流。1996 年建成中国第一个沙漠油田——塔中四沙漠油田。同年,沙漠油田勘探期间修筑的塔中石油公路向南延伸,贯通沙漠南北,成为世界上最长的沙漠等级公路,被载入吉尼斯世界纪录。围绕沙漠油田的人工绿地,为人类改造沙漠的梦想提供了愿景。

巴丹吉林沙漠

巴丹吉林沙漠是中国第二大流动性沙漠,位居阿拉善高原中心,合黎山、龙首山以北,拐子湖以南,弱水东侧,宗乃山和雅布赖山以西。主体在内蒙古自治区阿拉善右旗境内。东西长约 270 千米,南北宽达 220 千米,面积 4.92 万平方千米。以沙丘高大著称于世。巴丹吉林系蒙古语，巴丹由巴岱演变而来，是人名，指早期居住在这里的人；吉林是数词六十，计数这片沙漠中最早发现的 60 个湖泊。

◆ **沙丘形态特征**

巴丹吉林复合型新月形沙山密集，面积约占 61%，主要分布在中部。排列方向北东 30° ～ 40°，沙垄一般长 5 ～ 10 千米，宽 1 ～ 3 千米，高 200 ～ 300 米，最高沙山毕鲁图峰相对高度达 426 米。迎风坡上部 1/3 或 1/4 处有一波折，上部坡度 24° ～ 27°，下部 12° ～ 15°。背风坡高大陡峻。有迎风坡叠置沙丘的复合型沙垄，也有无明显叠置沙丘的巨大沙垄。叠置的次级沙丘形态多种多样，有沙丘链、横向沙垄、格状沙丘等。高大沙山的周围为沙丘链，面积占沙漠的 25%，高度 25 ～ 50 米，个别达 100 米。丘间地面积小，且无积水洼地。星状沙丘主要分布在沙漠南缘及东缘近山带。

◆ **湖泊与河流**

巴丹吉林不仅以宏大的沙丘规模闻名世界沙海，沙丘间还存有 144 个小湖泊（当地称海子）与高大沙山相映成趣。面积一般小于 1 平方千米，最大的 1.51 平方千米。最大深度 6.2 米。湖水矿化度变化大，有的超过 300 克 / 升；另一些湖中有淡水泉补给，矿化度不到 5 克 / 升。海子周围依次为沼泽化草甸、盐生草甸、白刺沙堆。湖盆最外缘为固定、半固定沙丘，并与流沙相连。沙漠中有巴丹吉林庙和音德尔图两个固定居民点，湖盆主要用于放牧和旅游。

巴丹吉林沙漠西侧的主要河流是弱水（上游称黑河，下游称额济纳河），弱水流入居延海。居延海为额济纳河下游的尾闾湖，古称西海。

弱水下游三角洲上河网密集，形成滨湖绿洲。新石器时期就有人类活动。先秦时期，为乌孙、月氏、匈奴人的牧地。汉武帝驱逐匈奴于漠北，在这里建设了居延塞，初为军塞，东汉后有了常驻居民，长期的屯垦使弱水左岸首先沙漠化。唐代王维的著名诗句"大漠孤烟直，长河落日圆"就写实于此。西夏和元代，居延绿洲进入最繁荣，也是生态环境破坏严重、沙漠化强烈发展的时期。明初，明军与蒙古残余势力的一场战争，改变了弱水的流向。16世纪，古居延海干涸，绿洲变成沙漠戈壁。弱水改道汇入新居延海（嘎顺诺尔和索果诺尔），尾闾形成新的绿洲，即额济纳绿洲。清乾隆（1736～1795）年间，将东归的土尔扈特蒙古一部安排在额济纳绿洲，遂回归以牧业为主的地区。

◆ **植物**

流沙占整个巴丹吉林沙漠面积的83%，沙丘或沙山上有稀疏的植物。西部主要分布沙拐枣、籽蒿、花棒、木霸王、麻黄、木蓼等，东部主要为籽蒿和沙竹。沙漠边缘梭梭林广泛分布，总面积3000平方千米。

◆ **成因**

学界对巴丹吉林沙漠沙丘高大、湖泊众多的成因尚无定论。20世纪末期的野外调查证实，高大沙山间的湖盆低地一般都有疏松较细的砂岩出露，有的呈半胶结状态，产状水平或倾斜，均为沙山沉积物所覆盖。腹地还发现距今300万～170万年的冲积－湖积地层。据此推断，高大沙山的形成时代应在距今25万年以内；沙漠发展经过多次湖进沙退和沙进湖退的反复。

随着巴丹吉林沙漠向东和南的扩张，流沙随风搬运至东南的雅布赖山迎风坡，形成流沙覆盖基岩的"沙山"，并有流沙越过山口侵入下风向腾格里沙漠、雅玛里克沙漠，显现沙漠"握手"问题。

◆ 发展趋势

20 世纪 50 年代以后，随着弱水全流域经济发展，人口增加，能进入湖中的水量急速减少。1962 年，西居延海（嘎顺诺尔）干枯。1992 年，东居延海（索果诺尔）也完全干涸。河水断流、湖泊干涸、地下水位下降使得整个下游的生态环境干旱化，最终导致土地沙漠化。20 世纪 60 ～ 80 年代，沙漠面积增加约 40 平方千米。1975 ～ 1986 年，额济纳绿洲沙漠化土地平均每年增加 225 平方千米。1998 年，绿洲沙漠化土地面积已占 21%。与之相对应的是 1951 ～ 1983 年绿洲减少 90 平方千米，河东的流沙与老沙漠连为一体。至此，巴丹吉林沙漠的面积超过古尔班通古特沙漠，跃居中国沙漠第二位。

古尔班通古特沙漠

古尔班通古特沙漠是中国第三大沙漠，位于北疆准噶尔盆地中南部，介于东经 84° 31′ ～ 90° 00′，北纬 44° 11′ ～ 46° 20′。主要由霍景涅里辛、德佐索腾艾里松、索布古尔布格莱、阔北布和阿克库姆等沙漠组成。面积 4.88 万平方千米，列中国沙漠第三位，固定半固定沙丘占沙漠面积的 97%，是中国生态环境最为稳定的沙漠。准噶尔盆地的地质基础是长期保持沉降状态的古老陆台，沉积了几乎平铺的浅海相灰岩和陆地河湖相砂岩、泥岩、砾岩等。新近纪和第四纪初，周围山体特别是南侧天山的强烈隆升，使得天山山前形成了厚达 8000 ～ 10000 米的山前冲洪积相和河湖相盖层。沙漠形成于晚更新世，经历了多次流沙扩大与沙地固定的正、逆演变过程。历史时期，古尔班通古特沙漠环境基本稳定，只是东南及西南缘在人为作用影响下，存在着固定沙丘活化现象。

◆ 气候与植被

虽然准噶尔盆地深处欧亚大陆中心地带，但在西风带环流的控制下，携带着大西洋和北冰洋水汽的西风，能够沿盆地西部的山口吹入盆地，时间多为冬春季。故气候有地中海气候的特征，降水为冬雪型。古尔班通古特沙漠的年降水量在 100 毫米左右，多为冬春季降水，雪量可达 300 毫米。在风的吹刮下，沙丘间洼地形成 200 毫米以上的积雪，长达 3 个月之久。同时，冬季西北寒流入侵，加之盆地的"冷湖效应"，使沙区的季节性冻土最大深度可达 170 厘米以上。积雪和冻土能够对地表形成有效的保护。当春季积雪融化时，又正逢雨季（4～6 月降水占年降水量的 40% 左右），因此沙丘有着较多的水分，有利于植物的生长。沙漠中生长着 100 多种植物，植被盖度可达 20% 以上，有利于沙丘的固定。古尔班通古特沙漠风沙活动的盛行期在每年 4 月，这时沙面会有良好的植被覆盖。其中，早春短命植物对稳定沙面起到重要作用，能形成明显的层片，85% 左右的沙垄表面在 4 月、5 月、6 月的平均覆盖度分别为 13.9%、40.2% 和 14.1%，而乔灌木和长营养期草本植物却不足 10%。古尔班通古特沙漠还广泛存在生物土壤结皮，苔藓结皮、地衣结皮、藻类结皮和藻类 - 地衣结皮依次分于垄间低地、沙垄中下部、西坡上部和东坡中部，对沙漠地表的稳定起着决定性作用。风洞实验结果表明，在风速 25～30 米/秒的条件下，未经扰动的 4 类生物结皮均未发现沙粒起动和地表风蚀现象；而对应的裸露沙面在风速 8.42 米 / 秒时，沙粒即可起动。

◆ "大漠血脉"

古尔班通古特沙丘形态主要为沙垄，占固定、半固定沙丘总面积的 80%，且以玛纳斯河东岸和马桥河东岸最为典型。在沙漠东南部奇台以北地区，风向逐渐转为西西北，沙垄也作西西北—东东南走向。大片沙漠为灰黑色生物土壤结皮固定，丘间地生长着梭梭等植物，在假彩色合成的卫星照片上呈赤红色；沙垄的顶端部位由于风速的加大和地面粗糙度的减小，风沙活动相对强烈。沙垄的运动表现为垄顶的沙物质在两侧来风的交替作用下左右摆动并顺脊线方向延伸成的流沙带。在假彩色合成的卫星照片上呈阴影斑斓的黄色，一条条树枝状沙丘镶嵌在血红的大地上，如大漠的"血脉"，有主干也有支脉，十分壮美。由于气流的影响，古尔班通古特沙垄的排列由北至东南有着明显的弧形转折。而流动的新月形沙丘及沙丘链仅分布在东北部的阿克库姆和东南部霍景涅里辛沙带的最东端。沙漠西部的若干风口附近，风蚀地貌异常发育，其中以乌尔禾的风城最著名，为典型的雅丹地貌。

◆ 开发与利用

古尔班通古特沙漠是北疆牧民理想的冬季牧场，周边分布着 1.86 万平方千米的绿洲，其中一半以上为中华人民共和国成立后新开辟的人工绿洲，有 14 个县市和十几个团场，开辟耕地 6700 平方千米。准噶尔盆地储藏有丰富的石油天然气，深藏在古尔班通古特沙漠中的有五彩湾油田，已开发为继克拉玛依油田之后的准噶尔盆地第二个大油田。

腾格里沙漠

腾格里沙漠是中国第四大沙漠，位于内蒙古自治区阿拉善高原东南部，介于贺兰山与雅布赖山之间，面积 3.87 万平方千米。蒙语"腾格里"是天的意思，用于表达沙漠之"远无天际"和"从天上掉下来的"两重意思。腾格里沙漠与巴丹吉林沙漠仅隔着相对高度不超过 100 米的雅布赖山，但相较巴丹吉林沙漠，腾格里沙漠不仅面积小，沙丘的高度也相差很多。

◆ 自然环境

沙漠内部各种地形交错分布，沙丘占 71%，湖盆草滩占 7%，山地、残丘及平原占 22%。沙丘中，流动沙丘占 64%，固定、半固定沙丘占 7%。在沙漠西南部，有一些大致作南北走向排列的垄岗，垄岗间分布着草湖 422 个，其中有积水的湖泊 251 个，除部分为泉水补给和临时积水外，大部分是在距今二三百万年以前湖盆的基础上逐渐干涸退缩而形成的残留湖。这些湖盆大部分为麻黄及油蒿群丛植被覆盖，当地称之为"麻岗"。在沙漠中部及北部的一些洼地里，植物生长也较好，主要为蒿属，当地称为"沙蒿塘"。在流动沙丘的背风坡和丘间低地也可见到稀疏的植被，有沙拐枣、花棒、沙竹、籽蒿等。沙丘形态和高度以 10 ～ 20 米的格状沙丘及格状沙丘链为主，复合型沙丘链及灌丛沙堆分布面积较小，高大沙丘仅分布在沙漠中部，高达 50 ～ 100 米。在西北风的作用下，沙丘向东南移动，高 1 ～ 1.5 米的沙丘每年移动约 7 米，这对从东南部流过的黄河和穿行过沙漠的铁路安全威胁极大。

◆ 人文建设

腾格里沙漠东南端直达黄河边，流沙覆盖了黄河阶地。20 世纪 50 年代修建的兰新铁路也在沙漠中通过。兰新铁路中卫—干塘段铁路治沙工程保障了铁路的畅通。中国科学院沙坡头沙漠研究试验站地处腾格里沙漠东南缘、中卫市境内，是国家生态网络国家站和联合国环境规划署国际沙漠化治理研究中心的培训中心，每年有多个国家的治沙工作者在这里交流经验，被外国友人誉为"世界沙都"。

沙漠西南紧邻河西走廊的东端，有古代石羊河水系汇聚形成的猪野泽，还有民勤绿洲。西汉以来，流域的大规模开垦，使石羊河水系瓦解，湖泊湿地不断退缩，沙漠化发展，腾格里沙漠不断扩张。20 世纪 50 年代以来，由于大量开采地下水，造成地下水位灾难性下降，生态环境不断恶化；70 年代，猪野泽的残留湖沼彻底干涸。21 世纪以来，地方政府采取生态移民、关井压田和引水等措施，改善地理环境。

库姆塔格沙漠

库姆塔格沙漠是中国气候最为干燥、形态最为神秘的沙漠，位于甘肃省、青海省、新疆维吾尔自治区交界处，西邻塔里木盆地最低洼的罗布泊，东南是青藏高原西北缘的阿尔金山。东西最长 350 千米，南北最宽 120 千米，面积约 2.28 万平方千米。地理位置恰处于欧亚大陆的"旱极"，气候极端干旱，干沙层深厚，几乎无植被生长，沙丘流动性大，是中国自然条件最为严酷的沙漠。"库姆塔格"在维吾尔语中意为"沙山"。

◆ **沙漠形态和特点**

库姆塔格沙漠总体上呈扫地笤帚形，其笤帚把部分与一条南北延伸很长但不宽的沙带衔接，恰似给笤帚安上了长长的把子；帚头则像雄鸡的尾部。隐伏在沙丘下的阿尔金山北部大断裂，造就了南高北低的巨大斜坡，库姆塔格沙漠的主体部分就覆盖在这个斜坡上。库姆塔格沙漠地势随基底起伏从海拔 840 ~ 1500 米，呈北低南高 3 级阶梯；每级台阶地形起伏大，沙丘形态丰富多样，有平沙地、沙垄、蜂窝状沙丘、羽毛状沙丘和金字塔沙丘。最高一级台阶直接与干燥剥蚀基岩山地相连，山地的迎风一侧通常发育为金字塔沙丘，背风侧多沙垄，在山间谷地则成片分布着新月形沙丘链。除风力吹扬作用外，阿尔金山区的季节性洪水顺坡北下，在沙漠西部切割出 20 余条南北向槽地。风和水的双重营力作用造就了宏伟的帚状弧形沙垄景观。

◆ **独特的羽毛状沙垄沙丘**

库姆塔格众多的沙丘形态里，最为独特的当属羽毛状沙垄沙丘，为世界沙海中所独有。神秘美丽的羽毛状沙垄是在库姆塔格沙漠独特的地质构造、特定的地貌结构条件下，大自然的鬼斧神工之物。阿尔金山北麓山前冲洪积平原地面平坦，而自北向南逆风向地形微有抬升，适合纵向沙垄发育；沙漠下伏河湖相和山前洪积堆积物主要岩性为粗沙黏土互层，不甚丰富的沙源是纵向沙垄形成的物质基础。这种沙丘形态的形成机制尚有不同看法。

◆ **景观特色与历史**

沙漠东北部分为甘肃河西走廊的西尽头，也是走廊三大河流之疏勒河的下游。疏勒河曾西流注入罗布泊，宽阔的古河道里风蚀地貌十分发育，有风城和雅丹，当地群众称"魔鬼城"，已有多处被开发为沙漠景观旅游点。库姆塔格东端沿阿尔金山余脉向东延伸，过党河河口在三危山下有一片小沙漠，是库姆塔格的东延部分，为敦煌鸣沙山。鸣沙山沙峰起伏，沙脊如刃，沙坡陡峭，十分壮观。沙丘环抱之中有一泉水湖，酷似新月而得名月牙泉，紧邻沙山千年不枯，十分罕见。这里既具有沙漠的粗犷，又有月牙泉的秀美，加之附近莫高窟传承千年的世界文化遗产，名声大噪于世。

沙漠所在位置是古丝绸之路的重要段落，往西分为南北两条，分别从塔克拉玛干沙漠南北向西延伸。在沙漠的西端留下了汉代玉门关、阳关，出关西行要经过"上无飞鸟，下无走兽"的白龙堆，汉代张骞经这里"凿空西域"，晋代法显曾在这里历险。1979 年，中国科学院新疆分院副院长、植物学家彭加木在罗布泊科学考察时失踪。

乌兰布和沙漠

乌兰布和沙漠是阿拉善高原东北侧的沙漠。在蒙古语中，乌兰布和是红色公牛的意思。位于黄河几字形大转弯西北外侧，河套平原的西南部，介于黄河与贺兰山、狼山之间，西达巴音乌拉山，东邻黄河，恰似在黄河边上畅饮的一头红色公牛。在地质构造上，乌兰布和沙漠所处位置系包头—吉兰泰断陷盆地的中西部。沙漠占据的地段，南部覆盖在贺兰山北部斜坡上，北部下伏"河套湖"时期的古黄河入湖水下三角洲。风沙覆盖在湖积平原、黄河冲积平原及基岩剥蚀残丘上，沙源主要来自河、湖相淤积物的吹蚀堆积。

◆ **地理位置与沙丘分布**

从整体上来看，沙漠南部沙丘密集；北部沙丘稀疏，丘间广泛分布黏土质平地，为这一地区的农业开发提供了良好条件。地势较平坦，由东南向西北缓倾斜，其间分布有耕地、牧场，还有不少固定的居民点。各种类型沙丘所占比例相差很大，流动的占 39%，半固定的占 31%，固定的占 30%。①在磴口—敖龙布鲁格—吉兰泰一线东南，即沙漠的东南部，主要为新月形沙丘链，高度一般为 5～20 米，南缘有高 60～80 米的复合型沙丘链。植被极为稀疏，仅有白刺、沙蒿等，丘间缺乏土质平地，人口和耕地稀少。②沙漠西北部与西部是老湖泊干涸后形成的平原，风蚀较强烈。半固定沙丘上生长有梭梭，高 1～8 米；白刺灌丛沙堆高 1 米左右，仍有湖泊的遗存，分布有盐湖，其中吉兰泰盐池已经开采，是中国著名的湖盐产地和盐化工基地。③沙漠北部是古黄河冲积平原，河床自西向东逐步摆动，使沙漠中广泛分布有平行的东南—西北走向的古河道遗迹，在现代沙漠中表现为呈蛇曲状断续分布的低洼地、低湿地和湖泊。地表零星分布一些低矮的沙垄与灌丛沙堆，沙丘之间有大面积黏土质土地。为乌兰布和沙漠中自然条件最优越的地方。

◆ **历史记载**

乌兰布和沙漠是一个年轻的沙漠，其东北部掩埋的黄河冲积平原部分，是在人类历史时期才沦为沙漠的。这里最早属于黄河内蒙古后套灌区的一部分。早在秦汉时期就有灌溉开发，秦代大将蒙恬收服匈奴后，修筑了狼山下的边墙（秦长城），将这里置于秦的统治之下。西汉王朝击败匈奴之后，于公元前 127 年设朔方郡，共置 10 个县。朔方郡最西部的窳（yǔ）浑、临戎、三封 3 个县就分布在乌兰布和沙漠北部。经过大规模的移民开发，到公元 10 年，这里成为"朔方无复兵马之踪六十余年""数世不见烟火之警，人民炽盛，牛马布野"（《汉书·地理志》）的富庶农垦区。公元 23 年，匈奴南侵，田园荒芜，耕地废弃，土地很快沙漠化。唐代，边寨经营虽盛极一时，但势力始终也未能越过河套到达这里。公元 981 年，北宋使臣王延德出使高昌（今吐鲁番）途经本地时，这里已经"沙深三尺，马不能骑，行皆乘橐驼"。

◆ 对黄河的影响

乌兰布和沙漠位于黄河的西侧，盛行风向为西北风，沙物质在盛行风的吹扬作用下，源源不断从西向东运移，最后全部倾泻到黄河里，被黄河带到下游。尤其是内蒙古乌海市下湾—老磴口段河岸即沙漠，流沙直接倾泻入黄河。乌兰布和沙漠每年直接入黄河的风沙约 1513 万吨。1954～2000 年，约有 6 亿吨粒径大于 0.1 毫米的粗沙淤积在黄河内蒙古河段，使后套段黄河河底不断加高，地形倒置，虽有利于灌溉但却不利于排水，盐渍化现象十分严重。

柴达木盆地沙漠

柴达木盆地沙漠是分布在青海柴达木盆地里的风蚀地和沙丘的总称，位于青海省西北部。柴达木盆地是青藏高原东北部的巨大断陷盆地。通常所说的柴达木盆地仅限于阿尔金山和祁连山西段南麓、昆仑山北山麓线所包围的三角形区域。面积约 14.9 万平方千米。海拔 2600 ～ 3300 米。柴达木为蒙古语，意为盐泽。盆地深居大陆内部，降水稀少，东部年降水量 50 ～ 170 毫米，西部仅 10 ～ 25 毫米。盆地土地类型呈环状结构，环绕盆地边缘的山前地带是戈壁滩，向盆地内是流动沙丘、半固定沙丘和风蚀地。而盆地中心为盐湖带，盐湖周围是盐土平原。

◆ 沙丘分布

盆地风沙堆积地貌以灌丛沙堆为主，一般高 3 ～ 5 米，而高度 5 ～ 10 米的较为罕见。沙丘分布广泛，零散地与戈壁交错分布在山前洪积平原上，面积约 9000 平方千米。较集中的是盆地西南部的祁曼塔格山、沙松乌拉山北麓，形成两条大致呈西北—东南走向断续分布的沙带，长约 300 千米，平均宽 10 ～ 12 千米。北部的花海子冲积平原及盆地东南边缘等地也有小面积的分布。沙丘类型多为流动的新月形沙丘、沙丘链和纵向沙垄，占盆地内沙丘总面积的 70%，一般高 5 ～ 10 米。复合型沙丘链虽有分布，但面积很小，高大的也不过 20 ～ 50 米；固定、半固定沙丘主要散布在昆仑山北麓山前平原前缘潜水位较高的地带，特别是在盆地东部夏日哈—铁圭一带分布较为集中，小面积的流沙分布在沙漠中央。常见植物为多枝柽柳、梭梭等。

此外，在柴达木盆地东北边缘的山地河谷和西南边缘的山间盆地中也有沙丘分布，并以新月形沙丘和沙丘链为主，其形成与河谷（或湖畔）中的沙质沉积物和风力吹扬、就地起沙堆积有关。如疏勒河上游、党河上游、踏实河上游等河谷中的沙丘及库木库勒盆地中阿雅克库姆木库勒湖滨平原的沙丘等。阿雅克库姆木库勒湖水面高程 3800 多米，湖滨的沙丘是中国乃至世界已知沙丘分布最高的地方。

◆ **风蚀地貌**

广泛发育的风蚀地貌,占盆地内沙漠面积的37%,是中国风蚀地最集中分布区域。集中分布于老茫崖—三湖沉陷区以北和格尔木—大柴旦公路以西的盆地西北部地区。强烈的风蚀作用形成了丰富多彩的垄岗状风蚀丘和风蚀劣地。长度10余米至200米,也有长达数千米者;高10～15米,也有的高达40～60米。在风蚀低地和风蚀丘的迎风面上常有流沙堆积,形成沙垄或新月形沙丘,但其分布面积极小,仅占风蚀地区总面积的5%。

柴达木中心地带的大小盐湖周围分布的风蚀丘状地貌形态浑圆,似麦垛,群体像扎寨的古代兵营军帐,并且风蚀丘上有盐壳,所以称之为盐壳丘。

库布齐沙漠

库布齐沙漠位于中国沙漠中位置最东端,是干草原与荒漠草原过渡地带的沙漠。位于黄河河套平原以南、鄂尔多斯高原北部边缘,行政区域分属内蒙古鄂尔多斯市的杭锦旗和达拉特旗。“库布齐”蒙古语意为弓上的弦。环绕鄂尔多斯高原北侧700多千米的黄河恰似一张弯弓,茫茫库布齐沙漠的南界就像一束弓弦,黄河、沙漠组成了浩瀚的“金弓银弦”。

库布齐沙漠东西全长365千米,南北窄处约30千米,最宽处可达65千米,面积1.61万平方千米。年降水量200毫米等值线南北向切过库布齐。在自然地带上，除东部有一小部分为干草原地带外，中、西部绝大部分处在荒漠草原地带。库布齐介于沙漠与沙地过渡地带，沙漠景观的东西差异十分明显。

◆ **沙丘分布**

库布齐北部覆盖在黄河河套南岸平原的湖相和河流相冲积物上；南部基底地形为台地和河流阶地，地层为较古老的红色砂岩和泥岩互层；西部呈现较为完整的台阶状形态。沙漠内流动沙丘约占整个沙漠总面积的 80%。沙丘类型以新月形沙丘链和格状沙丘为主，一般高 10 ~ 15 米，个别地方也有高达 50 ~ 60 米的高大沙丘。北部黄河冲积平原上还分布一些零星低矮（高度 3 米以内）的新月形沙丘及沙丘链，前移速度较快，大致由西北向东南方向移动，埋压牧场、农田和道路。固定、半固定的灌丛沙堆仅分布在沙漠边缘，尤以南部边缘最多，沙丘高度不大，多在 5 米以下，生长有籽蒿、柠条、沙米、沙竹等，还有白刺沙堆，高不及 3 米。

◆ **季节性河流**

库布齐沙漠东部有数十条自南而北流入黄河的季节性河流。蒙古语称这种季节性洪沟为孔兑，著名的有十大孔兑。这些季节性洪沟源自鄂尔多斯台地中部的东胜梁地，沟长 28.6 ~ 110.9 千米，流域面积 213 ~ 1261 平方千米。平行排列的沟谷将台地和黄河阶地分割成若干块，沟间地分布着半固定沙丘。流域年降水量 240 ~ 400 毫米，并集中在雨季以暴雨形式出现。干季，沟谷两侧的沙漠沙堆积在沟道里；雨季，沙漠沙随沟道的洪水直泄黄河。雨季洪峰大，历时短，含沙量高，粗沙多，危害严重。洪水裹挟的泥沙集中泄入黄河，堆成水下沙坝，堵塞河道，造成严重水灾。鄂尔多斯北部通过十大孔兑每年流入黄河的泥沙约1.6亿吨，占黄河中上游泥沙输入总量的1/10。1954年之后的50年间，十大孔兑下泄泥沙堵塞黄河河道达十余次，造成上游洪泛和包头钢铁（集团）有限责任公司黄河取水口堵塞等事件。

◆ 沙漠生态文明建设

2000年以后，在库布齐沙漠里崛起了一个沙漠生态新经济、清洁能源新材料循环经济和"城乡统筹、绿色智能"的产业集团——亿利资源集团。在库布齐沙漠发展了沙漠高端旅游、沙漠新能源、沙漠甘草中药、沙漠现代农业四大产业，找到了"生态与生计兼顾、富民与环境结合、产业防沙互动、美丽与发展共赢"的多赢之路，并每两年在这里召开一次"国际沙漠论坛"，交流沙漠治理开发的经验。另外，鄂尔多斯市还按照构筑"沙产业、新能源"的发展思路，经过20多年的努力，在沙漠的中东部建成了恩格贝国家级生态文明建设示范区。

绿 洲

绿洲是干旱荒漠中有水源，适于植物生长和人类居住，可进行农牧业和工业生产等社会经济活动的地区。绿洲是独特的地理景观，一般呈带状或点状分布在大河附近、冲洪积扇边缘地带、井泉附近及有高山冰雪融水灌溉的山麓地带。这些地方植物生长良好，林木葱郁，流水潺潺，与周围沙漠、戈壁景色迥然不同，犹如散布在广袤沙漠中的绿色岛屿。绿洲位于有利的地貌部位，土层深厚，日照和热量丰富，又有灌溉之利，农业常可获得稳产高产，成为"荒漠中的明珠"。

中国古代称绿洲为"沙中水草堆或水草田"，名句"沙中水草堆，好似仙人岛"就是对绿洲的生动写照。新疆维吾尔族人把绿洲叫作"博斯坦"，有"美丽的休闲圣地"的意思。近代不少学者又把绿洲称为"沃洲"或"沃野"，即沙漠、戈壁中水丰、草茂、土肥的肥沃土地。绿洲的英文是 oasis（复数 oases），源自希腊语或晚期拉丁语，意指利比亚沙漠中某处特别肥沃的一个地方。"洲"字在《辞海》中意为"水中陆地"，而"绿洲"则应是茫茫瀚海中的"绿色小岛"。"绿洲"一词在干旱地区使用，既形象又准确，不但科学地反映了它的大小和规模，亦说明了它与周围大环境之间的关系。

中国沙漠所处的纬度位置较高，属于温带大陆内部盆地性沙漠，盆地周围的高山降水资源丰富，并发育冰川，降雨和冰雪融水汇成河流，流入盆地，或聚于洼地湖沼，或没入沙漠。绿洲就分布在河流两侧、出山口或湖泊周围。中国绿洲总面积约 14.2 万平方千米，虽然仅占干旱区面积的 4.3%，却养育着干旱区域九成以上人口、创造了超过 95% 的工农业产值。因此，绿洲是干旱区人民赖以生存的基础，是维系干旱区经济发展和人民生活的命脉。

◆ **历史地位**

史书记载的西域"三十六国"就是散布在玉门关外的一个个相对独立的绿洲国家。绿洲的经济基础是大田和园艺农业、养畜业、手工业，特别是转口贸易与对外贸易。相对封闭的环境条件，使得早期的绿洲文化具有各个绿洲当地民族特色；"丝绸之路"把众多的国家和民族串联起来，依赖着这条商贸大道，在从事商业贸易活动中发展了本国和本民族的经济。经济交流必然导致文化上的沟通，各国在文化交流的过程中，在相互推出自身民族文化的同时，也吸取了许多外来文化的精粹，从而创造了自己的历史文明，形成了既独特又具有区域共性的"绿洲文化"。西域绿洲文化既受到中原文化的大量影响，也有欧洲、西亚和中亚的印记。

绿洲的存在与开发，在人类走向文明的历史进程中起到了不可替代的作用，尤其是当绿洲的开发与丝绸之路紧密联系在一起的时候，这种作用就更为明显。中国的丝绸、指南针、火药、造纸术和印刷术从这里传向世界，推动了欧洲现代文明的发展。世界三大宗教通过这里传入中国，传向东方。许多物种也是通过这一块块绿色"地毯"交换和繁衍。另外，这些绿洲又是民族演化的历史舞台，民族在这里诞生、交融和繁衍，历史故事在这里演绎传唱。

在这一条沿着绿洲延伸的古道上，洒满了中华民族先人的血与泪，谱写了很多成功与苦难交织在一起的历史诗篇。正是这一部部光辉的历史篇章，才构成了数千年光辉灿烂的中国历史，铸就了中华民族的传统与灵魂。中国的绿洲与绿洲文化像古老的黄土地一样，哺育了中华民族的成长，孕育了中华民族的文化与传统。

◆ 特性

绿洲主要有地域性、唯水性、脆弱性和高效性四大特性。

地域性

绿洲位于干旱自然地理环境之中，与荒漠相依而存在；一般处于沙漠、戈壁的包围之中，并为其所隔绝。气候干旱是绿洲的显著特点，也是绿洲出现和存在的主要条件，这是干旱区独有的生态环境。但是，干旱地区也不是随处都能出现绿洲，它只发育在水源、土壤、地貌等条件组合较好的地方。由于这些条件的存在是有规律性的，所以绿洲的分布也有明显的规律性和地域性。另外，中国半荒漠地带以东的草原地带分布着毛乌素沙地、浑善达克沙地等，以固定、半固定沙丘占优势，流沙面积小；天然降水较多，植被覆盖度高。沙地中也有类似绿洲的斑块存在，但并不能称之为"绿洲"。

唯水性

绿洲的存在与水源相联系，没有水就没有绿洲。其水体来源大致有两个方面：①邻近的高山区域降水、冰雪融水及其形成的地表径流——内陆河和地下水。②流量较大、水量较稳定的常年性河流。于是根据水体来源，可将绿洲分为内流型绿洲与外流型绿洲两类。①内流型绿洲以天山南北、河西走廊的绿洲为代表，绿洲直接或间接以高山降水和冰雪融水为其生命源泉，但这种水源的总量和可采用量都有一定的限度，使绿洲发展受到局限和抑制。②外流型绿洲以银川平原、河套平原为代表，有流量稳定的常年河流可以依赖，水源的可采幅度较大，只要地貌不限制其拓展空间，随着地区水利、农业、工业、交通等产业的发展，绿洲面貌不仅会有较大改观，空间范围也会有较大的扩展。因此，可利用的水资源量（包括地表水、地下水）决定着绿洲的规模和承载力。水资源在绿洲生态系统中占有核心地位，是绿洲盛衰的主要制约因素。

脆弱性

绿洲本身是由荒漠、草甸、沼泽系统演变而来,受水资源调配、建设工程布局、劳动力调度、财力分配、市场变动及自然灾害(旱、风、沙、碱)等动力因素制约显得不稳定,再加上其他自然和人为的不确定因素,使其经常处于变动状态。特别是存在于恶劣严酷环境之中的绿洲,被干旱沙漠、戈壁包围的地缘条件和强烈依附于外区输水的特性,决定了绿洲生态系统的脆弱和易变的特性。从长期环境演变的角度看,历史上各种原因造成的水源枯竭、河水断流、土地沙漠化及土壤盐渍化、植被毁灭,往往导致了聚落废弃、绿洲迁移。

高效性

尽管绿洲系统具有不稳定性,但它毕竟是人类通过漫长历史过程,经过极其艰辛的劳动建设起来的"塞外江南",绿洲内水、土、光、热等自然资源组合及人口、技术、装备等社会经济资源配置齐全而优良,无机过程、有机过程和人文过程相叠加而显得富有生气和活力,孕育着绿洲农业和绿洲城镇等高效生态系统。因此,绿洲面积(从几平方千米到上千平方千米)在干旱地区所占比例虽不大,且分布零散,但却为经济、文化荟萃之地,是人口最集中的地方。以新疆维吾尔自治区而论,绿洲的总面积不过8万平方千米,仅占新疆土地总面积的4.8%,但古往今来,它一直是各族人民生存发展的基地和文化摇篮,占据着重要的位置。在这不到5%的绿洲土地上,几乎分布着新疆所有的种植业、村庄、城镇和工业企业,居住着全疆95%以上的人口。甘肃省河西走廊绿洲面积1.7万平方千米,约占走廊平原面积的1/10,却集中了整个河西五市人口的 87%，农牧林业总产值占到甘肃全省的 1/3。

◆ **类型**

绿洲类型因分类依据不同而不同。一般可从地貌部位、人类活动影响程度和开发时间尺度三个方面对绿洲类型进行划分。

地貌部位

按绿洲所在的地貌部位，可将绿洲划分为山前冲洪积扇绿洲、河岸绿洲、湖岸绿洲和井泉绿洲。

山前冲洪积扇绿洲

干旱、半干旱地区暂时性山地水流出山口堆积形成的扇形地貌，又称为干三角洲，是干旱区绿洲分布的重要区域。组成洪积扇的泥沙、石块颗粒粗大，磨圆度差，层理不明显，透水性较强，扇面上水系不发育。由于山前构造断裂下降，洪积物厚度可达数百米。从扇顶至扇缘高差也可达数百米。一系列洪积扇互相联结形成洪积扇裙，又称山麓洪积平原。

组成洪积扇的堆积物叫作洪积物。通常扇顶物质较粗，主要为砂、砾，分选较差。随着河流出山口后比降显著减小，水流搬运能力向边缘减弱，堆积物质逐渐变细，分选也较好，一般为沙、粉沙及亚黏土，提供了绿洲形成的物质基础。因气候干旱，分散的水流更易蒸发和渗透，于是水量大减，甚至消失，在扇体的边缘又以泉水出露，提供天然绿洲形成或人工绿洲发展灌溉不可或缺的水源条件。

山前冲洪积扇绿洲又可细分为扇缘地绿洲和干三角洲绿洲两类。①扇缘地绿洲。主要分布在山前洪水出山口所形成的洪积扇前缘。沉积物颗粒较细，多以沙壤质为主。地形较平坦，坡度大多在 3°～7°。水源丰富，有些地方还有泉水出露，水质好，地下水提取较容易，灌溉便利，自然条件优越。这类绿洲在中国分布广泛，如甘肃河西走廊的武威、张掖、酒泉、敦煌，新疆的喀什、和田、阿克苏、库尔勒、玛纳斯、乌鲁木齐等绿洲均属此类。②干三角洲绿洲。分布在中小河流散流形成的干三角洲背脊部分。耕地常沿河道或渠道两旁呈树枝状分布，如新疆的玛纳斯北五岔和老沙湾、奇台的桥子，南疆的岳普湖和伽师等绿洲。由于地势平缓，地下径流不畅，水位较高，易引起土壤盐渍化，且改良条件较差。在干三角洲上，还分布有许多古代绿洲，如尼雅河干三角洲上的尼雅遗址，克里雅河下游干三角洲上的喀拉墩、马坚勒克等，这些绿洲均因上游开发、河水减少而被遗弃。

河岸绿洲

分布在水量较大的大、中型内陆河两岸的阶地上，平面上一般呈长条状。这些大河上游多为下切河道，至中下游地面坡度变小，水流随之变缓，沉积作用使河床淤高，以至汊道歧出，摆移不定，改造着河流两岸的荒漠。洪水季节，泛流沉积作用加剧，淤为河漫滩地，历经反复河泛冲淤，遂成大河冲积平原，成为古老绿洲主要的分布地区之一。如河西走廊黑河沿岸的临泽、高台绿洲，疏勒河沿岸的瓜州绿洲和南疆塔里木河上、中、下游沿岸的绿洲等，均属此种类型。冲积平原绿洲具有地形平坦、土层深厚、土质优良、水源便利、宜于垦殖及有利于村镇建设的特点，但某些位于低阶地和河漫滩的城镇，应注意防治洪水及泥石流危害。同时，由于地形平坦，以细沙为主的组成物质质地黏重，使大部分地区存在着沼泽、盐渍和沙漠化的危害。外流河上的冲积平原绿洲，如宁夏平原绿洲、内蒙古后套平原绿洲总体上也可归类为河岸绿洲。

湖岸绿洲

分布在大中型内陆河尾闾湖滨的三角洲和湖积平原上。荒漠地区内流河水系尾闾最终倾注于低洼地区，形成内陆湖泊。入湖之前，先于湖滨沉积而形成三角洲，此地形成的绿洲称为干三角洲平原绿洲。随着湖泊的萎缩，湖底淤积不断上升，原来的湖底露出水面，由此而形成的绿洲称为湖积平原绿洲。这两类绿洲统称湖岸绿洲。因湖岸地形平坦，湖相和河湖相地层由粉细沙物质组成，土层深厚，引水方便，适合植物生长，但易积水形成沼泽或盐碱地。另一方面，绿洲是唯水源的，因为处在内陆河末端，水源不稳定，受河流改道或上游用水造成水质变差、水源枯竭的影响，许多古代有名的绿洲已被废弃，最为有名的是新疆孔雀河下游罗布泊西北的古楼兰绿洲、克里雅河下游的扜弥绿洲、弱水下游额济纳旗的古居延绿洲等。一些绿洲正受到严峻的考验，如甘肃河西走廊石羊河下游的民勤、昌宁绿洲，北大河卜游的金塔绿洲；也有一些小型绿洲等待人们去开发，如博斯腾湖、乌伦古湖、艾丁湖等沿岸绿洲。

井泉绿洲

依赖井泉灌溉形成的绿洲，星星点点地分布在地下水天然露头（泉）或人工露头（井）周围。甘肃河西走廊石羊河水系武威盆地中部东大河、西营河、金塔河、杂木河和黄羊河洪积扇扇缘及石羊河沿岸，张掖盆地北部黑河、梨园河洪积扇扇缘及张掖至高台间的黑河沿岸，酒泉盆地西部北大河洪积扇扇缘及清水河、临水河沿岸，玉门－踏实盆地的昌马洪积扇扇前在自然水系时期都有众多泉水溢出，上述地区泉水涌出量达 19.27 亿立方米，人们在泉水下游筑坝，形成塘坝蓄水灌溉。人工渠系替代了在洪积扇上流淌的自由河道，也断绝了泉水的补充源流，山前泉水和塘坝枯竭，周围土地改由渠系灌溉。

由于中国西部地区特殊的气候与地貌条件，泉水成为绿洲形成与水源补给的重要因素。新疆天山南北与昆仑山以北的扇前，除有与河西走廊相似的泉水涌出点（或溢出带）绿洲外，还有通过古老的坎儿井把地下水引入平坦的山前平原地带，形成了由坎儿井自流灌溉的特殊绿洲。另外，各地均有应用现代技术打井，抽取地下水灌溉的井水支撑的绿洲。

人类活动影响程度

按人类活动对生态系统和自然环境影响的程度，可以将绿洲类型划分为天然绿洲和人工绿洲。

天然绿洲

完全凭借天然的条件而形成的绿洲。基本上没有受到人类的干扰，保持着天然的植被与地貌形态，多分布在沿河、湖滨或泉水出露处。完全的天然绿洲已经很难见到。

人工绿洲

包括本属荒漠但后期完全靠人引来水源灌溉后才建成的绿洲，更多的是在天然绿洲的基础上为人类所利用，并且按人类需要加以不同程度的改造，如修渠、造林、种植等，使原来天然绿洲的面貌发生了较大程度改变。这种绿洲广泛分布于天山南北、河西走廊及黄河上游沿岸，与人类生产活动紧密联系。

人类开发与改造绿洲的目标是建立可控性的生态绿洲。生态绿洲是根据生态学原则，运用高科技与自动控制，以及设施农业的手段，充分而合理地利用自然资源，尤其是水、土与生物资源，完全由人为设计和调控出的环境和谐以及稳定高产出的全新型绿洲。

开发时间尺度

按照开发时间尺度，可将人工绿洲划分为古绿洲和新绿洲。

古绿洲

常指历史上曾经存在过，后来由于其存在的自然地理条件发生变化而废弃的绿洲，也包括延续至今的古绿洲。从原始的自然绿洲过渡到古绿洲，经历了长达数千年的漫长岁月。在这一过程中发生的根本性变化，即人类社会由居无定所、以狩猎为主的原始生产阶段发展到以灌溉为主要措施的种植农业阶段。这在生产方式与生产水平上都是一个质的飞跃，因而对绿洲的影响也是极其深刻的。表明当时的绿洲居民已开始根据自己所拥有的知识与生产手段来定向地改造绿洲，尤其是自西汉王朝开发西域——"丝绸之路"开通以后，内地与西域的军事、商贸和文化交流频繁，内地的生产方式与经验传入河西走廊、天山南北。古绿洲出现新的特征：①由单纯的"以人就水"发展到"以水就人"。②从自然放牧发展到以种植农业为主，并已经出现农、牧、林、果多种经营萌芽。③注重交通要道上的绿洲发展。④军事需要与国防建设推动了绿洲的发展。

新绿洲

20 世纪 50 年代后期新开垦建设的绿洲。1949 年中华人民共和国成立以后，随着西北人口的增加，以能源工业（石油、煤炭）、化工、冶金、交通运输带动的社会主义建设事业的发展，对绿洲提出了更高的要求。尤其是 70 年代以后，在有条件的干旱地区，如北疆玛纳斯河流域、沙湾地区，南疆塔里木河流域、叶尔羌河流域及内蒙古河套、乌兰布和沙漠地区，建立了生产建设兵团，开垦了大量荒地，引水灌溉，营造防护林，使昔日沙漠荒原生机盎然，人工绿洲进入一个迅速扩张的时期。虽然在某些地区，绿洲的迅速拓展给生态环境带来了一定的破坏，但自 50～70 年代，生产建设兵团对干旱荒漠地区的开发与绿洲建设建立了不朽的功勋，这为以后绿洲的进一步开发与建设奠定了良好的基础。

新绿洲的开发与建设也有着明显的特征：①基本上是先勘测规划，然后按设计逐步实施的，经营方向、目标明确，基本上避免了盲目性。②基本上做到了林、渠、路、电配套，布局大体合理，在一定程度上避免了对生态环境的严重破坏。③引进一些较先进的设施与技术，如大型的农业机械设备、灌溉设备及优良品种与先进的种植技术均为绿洲的进一步发展奠定了基础。④多种经营比旧绿洲阶段有了新的发展，人们对农、林、牧、果、副、渔等多种经营思想也有了新的认识，一定程度上突破了传统的单一种植业的旧农业思想，经济效益、生态效益与社会效益全面考虑、统筹兼顾的认识有相当程度的提高。特别是 20 世纪 80 年代以后，在追求经济效益的同时，兼顾社会与生态效益的思想更深入、更明确。⑤新绿洲开垦中的一个重要特征是"以水就地"。有些垦区土地虽平整、土层也深厚，但无灌溉水源。在这种情况下，利用修建水库、开挖渠道，从异地引水灌溉。新疆自 20 世纪 50 年代以来，兴修大中型水库 189 座，总库容达 31.9 亿立方米，对调节不同地区的绿洲用水起着重要作用。

中国绿洲普遍性受到水资源不足的困扰，一些地区绿洲的盲目扩大，引起严重的生态问题，绿洲荒漠化成为社会经济可持续发展和绿洲存亡的重大议题。绿洲可持续发展要从节水和开发水资源两方面着手。

第 2 章

沙地

　　沙地是以固定、半固定沙丘为主，分布在半干旱草原以及部分半湿润地区疏林草原的沙质土地。沙地性质（尤其在地貌上）与沙漠相类似，中国地理学界为了强调东西部沙漠自然条件和景观的差异，以干燥度为4、年降水量200毫米等值线为西界，包括降水400～600毫米的半湿润地区和200～400毫米的半干旱地区，温度条件跨越暖温带和冷温带。植被生物带自东向西、自南向北为森林草原和干草原，也包括部分森林地带，习惯上把这一地区分布的沙漠称之为沙地。风沙活动是该地区的重要标志，风蚀、沙埋是沙地风沙运动过程的两个突出现象。因沙地的植被、气候等自然条件要优越于沙漠，因而沙地风沙活动强度低于沙漠，沙丘移动速度要比沙漠地区沙丘前移缓慢。沙地有一定的植被覆盖，植被覆盖多少决定沙地的流动性。因此，根据地表风沙活动情况和植被覆盖度，可将沙地分为固定沙地、半固定沙地、半流动沙地和流动沙地。

　　按地域可将中国的沙地划分为东北沙地（包括呼伦贝尔沙地、科尔沁沙地、松嫩沙地、浑善达克沙地等）、中部沙地（包括毛乌素沙地）、西部沙地（包括共和盆地沙地、西藏沙地等）。此外，中国南方也存在着以海滨沙质平原和湖滨及河流下游冲积平原以沙质阶地为基础的风成沙地；川滇间的干热河谷及川西干旱河谷中亦分布有水力和风力复合形成的沙地。因此，中国沙地在空间分布上除了北方半干旱、半湿润的草原地区外，还包括青藏高原以及滨海（河、湖）沿岸的广大地区。

中东部地带的固定和半固定沙地，植被主要由中旱生、旱生灌丛构成，草本植物较丰富，而且常有稀疏的乔木出现，主要类型有榆树疏林、小叶锦鸡儿灌丛、臭柏灌丛、油蒿灌丛等。西部的固定和半固定沙地，构成群落的主要是旱生和超旱生灌木和小半灌木，如红砂、珍珠、沙拐枣等，群落也较前者简单和稀疏。在流动和半流动沙地一般没有木本植物，主要由沙米、沙竹等草本植物构成不稳定的稀疏植被。

毛乌素沙地

毛乌素沙地是中国黄土高原北侧的沙地，位于鄂尔多斯高原东南部，东西长约 240 千米，南北宽 220 千米，面积约 3.21 万平方千米。蒙古语毛乌素意为不好的水。

◆ 水源

毛乌素沙地水分条件优越，地表水和地下水均较丰富。与其"水不好"的名字大相径庭。多年平均降水量，在沙地东南部为 400 ～ 440 毫米，向西逐渐递减，但西部边缘仍可达到 250 毫米左右。窟野河、秃尾河、无定河等纵贯沙地东南部，流入黄河。沙地内还分布有大小湖泊170 多个，其中淡水湖泊总面积约 40000 平方千米，盐碱湖 210 平方千米。沙地东南部沙丘间多大型低平地，当地人称之为滩地，地下水一般埋深 1 ～ 8 米，个别地方仅 0.5 米。沙地里还可经常见到泉水从沙丘与下伏基岩接触面溢出，汇聚成溪流，为沙区河流的主要补给；泉水补给比重，在秃尾河占 69%，榆溪河占 86.2%，海流兔河高达 92%。毛乌素沙地应该是"赛乌苏"（蒙古语"赛"意为好）。

◆ **地貌特点**

毛乌素沙地的构造基础是鄂尔多斯台地向斜坳陷盆地。北部出露和南部下伏地层主要为下白垩系的湖泊相砂岩，近 250 万年沙地东南部沉积了砂质黄土和河湖相沙层。毛乌素沙地的沙源也有白垩系砂岩风蚀沙、第四系河湖相堆积沙和沙黄土粗化残积沙，但经过"均一化"过程，其物理性能差别已经不大。沙地内部并不完全为沙丘所覆盖，其地貌类型由梁地（砂岩"硬"梁地和黄土"软"梁地）、各类沙丘（流动、半固定和固定沙丘）与大小不等的滩地、河谷阶地组成。"梁滩相间、丘甸结合"成为毛乌素沙地中又一特殊景色。特别是在沙地的东南部，滩地和河谷阶地面积较广，土壤多为草甸土，腐殖质含量达 2% 以上，盐碱化轻，一般 0 ～ 10 厘米深度含盐量低于 0.8%，是毛乌素沙地中主要的农牧业基地。

距今 100 万 ～ 70 万年的大冰期，毛乌素沙地已经形成，并有了一定规模。距今 12000 年，气候回暖，冰雪融化，地表水充沛，生物走向繁荣。到距今 8000 年的大暖期，这里的绝大部分流沙固定，总体上成为湿润的草甸草原和灌丛草原，发育了腐殖质含量较高的黑色土壤（黑沙土），形成固定和半固定沙丘。沙漠化主要表现为人为过度开发导致的沙地植被破坏、丘间地风蚀水土流失和沙丘活化。

◆ 演化历史

沙地处在典型草原向荒漠草原过渡地带，环境适于牧业。自古是游牧民族生息繁衍之地，古代强悍一时的匈奴人就诞生在这里。秦、汉时期，中原政权对匈奴人大举征讨，将匈奴人赶出黄河河套地区，在黄河后套设立州县，鄂尔多斯高原尽属秦、汉版图，并把内附的游牧民族安置在这一地区，从事屯垦。东晋十六国时期，乘中原军阀混战之机，匈奴又进入了这一地区，先后建立了赵（史称前赵）、大夏政权，在这里从事游牧和农耕。屹立在陕西靖边县和内蒙古乌审旗交界萨拉乌苏河畔的统万城（当地人称"白城子"），就是匈奴人赫连勃勃所建大夏都城的遗址。盛唐时期，在毛乌素沙地的腹地设置了六胡州，安置内附的突厥人在这里屯垦。屯田垦种给草原上的生态环境造成巨大破坏。毛乌素地下有深厚的粉细沙，一旦地表土层遭到破坏，下伏的粉细沙便飞扬活动，形成流动沙地。统万城修建之初，风沙活动即已出现，只是危害比较轻，尚未引起人们的注意。到唐代后期，这里的沙漠化已经相当严重。《新唐史·五行志》记载："长庆二年十月，夏州大风，飞沙为堆，高及城堞。"晚唐诗人李益在《登夏州城观送行人赋得六州胡儿歌》中写道："故国关山无限路，风沙满眼堪断魂。"唐另一诗人许棠在咸通（860～873）年间途经夏州（统万城）时赋诗曰："茫茫沙漠广，渐远赫连城。"可见，晚唐时的夏州已是茫茫沙漠景观。因此，不少学者把毛乌素沙地的形成时代定为唐代。宋代，将毛乌素沙地称为"瀚海"，大臣给太宗的奏章中称"瀚海七百里，斥卤枯泽""茫茫沙塞，千里而遥"。夏州城也在这一时期废弃，朝廷在有关文告中声明其"远在沙漠中"。明代，沿当时的流沙边界修筑了边墙（长城），但一道土筑的边墙挡不住流沙的扩张。榆林、横山、靖边、定边及宁夏盐池一带的明长城，大多深陷沙漠中。

◆ **沙漠化治理**

毛乌素沙地农牧业开发历史较为悠久，沙地中有很多耕地、牧场。人口密度在中国沙漠中仅次于科尔沁沙地。沙地东南部的陕北地区，每平方千米人口密度可达 22 人。早在 20 世纪 40 年代，陕甘宁边区就开展了大规模的种树治沙活动。中华人民共和国成立后，沙区各级政府带领群众充分利用沙区水分好的优势条件，以林治沙。中央也多次在榆林地区召开造林治沙现场会，有效地带动了中国沙区植树造林和防沙治沙工作。20 世纪末，在全国"沙进人退"的总形势下，毛乌素的沙漠化总体形势却不断逆转，为全国治理沙漠化树立了信心和榜样。

科尔沁沙地

科尔沁沙地是中国东部面积最大的半干旱草原地带沙地，分布在大兴安岭南段东麓、西辽河中下游干支流冲积平原上。北连大兴安岭低山丘陵，南接冀辽山地山前黄土丘陵，西起巴林桥，东至郑家屯，主体在内蒙古自治区通辽市和赤峰市境内，东部边沿伸入吉林省、辽宁省。面积 4.34 万平方千米。有八百里瀚海之称。"科尔沁"一词，明代曾译作好儿趁、火耳趁、火儿慎，清时又译作廓尔沁，来源于蒙元时期的火儿赤（箭筒士），即带箭的汗廷卫士，其后裔所属部落便得名科尔沁。16 世纪，科尔沁部落始驻牧于西辽河一带，这一带的草原、沙地便有了科尔沁草原、科尔沁沙地的名称。

◆ **沙地特点**

西辽河（又称西拉木伦河）冲积平原地势由西向东倾斜，地貌轮廓为一半封闭的坳陷盆地，由于长期下沉，170万年以来盆地中心沉积了厚达140米的河湖相疏松沙层，并在西北和西风的作用下，形成广阔的沙地。沙地大部分由固定及半固定沙丘组成，两者合计占沙地总面积的90%，流动沙丘仅占10%。由于距离海洋较近，且位于大兴安岭湿润气流的迎风面，所以降水较为丰富，年降水量一般在300～450毫米。加之西辽河的干支流（如西拉木伦、教来河、老哈河等）流经沙区，使科尔沁沙地成为中国沙漠中水分条件优越的沙地之一。植物生长良好，沙丘绝大部分植被覆盖度20%～40%，有些地区甚至大于40%。以小叶锦鸡儿、蒿类、黄柳等为主，并见有散生的槭、桑、山杏、榆等乔木。

当地群众称地势高于2米、起伏明显的固定、半固定沙丘为沙坨，沙丘间平坦的草滩为甸子。坨子地一般顺风呈东西走向的条垄形，与甸子地有规律地平行相间排列，坨甸相间是科尔沁沙地的地貌特色。沙丘高度一般3～5米，个别可高达10～30米，以中小型沙丘为主，沙丘类型以复合型沙垄占多数，亦有新月形沙丘链等。其中，固定沙坨占沙地总面积的70%，半固定沙地占20%，流动的新月形沙丘及沙丘链占10%。除在各沙区河流的下风向较多分布流动或半流动沙丘外，自西向东流动沙丘居多，逐渐转变为以半固定、固定沙丘为主的总体地域分布规律。大致上：①在少冷河以西，主要是流动沙丘。②少冷河与老哈河之间，两者比例大体持平。③教来河至瓦房、余粮堡一线之间，以半固定沙丘为主。④瓦房、余粮堡一线以东流沙分布零星，几乎都是固定、半固定沙丘。在南北方向上：①新开河以北地区的沙丘，散布在源出大兴安岭的一些河流的下游平原上，呈现固定沙垄与沼泽湿地相间的景观。②新开河以南与西辽河下游之间，沙丘散布在古河床纵横的沙质冲积平原上，呈现出固定、半固定沙丘与河床低湿洼地相交错的特色。③西辽河干流以南，沙地大面积集中分布，占整个科尔沁沙地面积的60%，除固定沙丘外，半固定沙丘及流动沙丘也占相当的比例。

◆ **演化历史与治理概况**

科尔沁沙地开发历史悠久。距今 8000 年前就有了点种式弋耕，之后先后经历红山文化、夏家店下层农耕文化时期的土地过度利用，同时气候转入寒冷，西辽河地区森林草原退缩，流动沙丘零星出现。与此同时，中国北方以游牧为生的少数民族逐步强大起来，北方原始农业界线退缩到今长城沿线。自然环境和政治因素的急剧变动，导致科尔沁地区文化的重大转型——原来的粗放农业土地利用方式转变为游牧土地利用方式，定居的农耕民族转变为"逐水草而居"的游牧民族。秦汉之后到唐朝末年，西辽河流域相继为匈奴、乌桓、鲜卑、契丹统治，以畜牧业为主。10 世纪初，契丹耶律氏在今科尔沁草原建立辽王朝，从被占领的宋燕、蓟二州和东面的渤海国掠来农民，发展农耕。过度农垦使科尔沁沙地的生态环境急剧恶化，沙漠化严重发展，加之连年战争等因素使辽国的国力日渐衰弱，最终导致覆灭。当地经济又退回到以畜牧为主。最近一次的沙漠化主要发生在 18～19 世纪以后。自 18 世纪中叶，清政府对该区推行放价招民垦种政策，草原被逐渐开垦。大面积犁耕使表土层遭到了破坏，干旱风季缺少植被保护的撂荒地上伏沙被吹起，形成流动沙丘。这种俗称"白沙坨子"的流动沙丘以斑点状首先出现在居民点、牧场、耕地附近及沿河地区，后逐渐扩展连接成片，从而使美丽富庶的草原退化为沙漠化土地。20 世纪 50 年代末期到 70 年代，又经历了政策的反复，沙漠化也再次达到严重阶段。

20 世纪 80 年代初出现"农田下甸子，沙坨弃耕"的高潮。对高大沙丘扎制树枝和麦草沙障，栽植差巴嘎蒿、小叶锦鸡儿、黄柳，对低矮沙丘地种植杨、樟子松等进行封育。对可耕甸子地，大力营造带、片、网结合的保护性防护林；同时注意调整土地利用结构，保持牧场和耕地的稳定；努力建设基本农田，提高粮食单产。经过一段时间整治，到 80 年代末，科尔沁沙地的沙漠化开始稳定；90 年代开始逆转。科尔沁沙地也是中国沙漠化最早开始逆转的地区之一。2000 年科尔沁沙地沙漠化土地的总面积比 1987 年减少 10810 平方千米，其中流沙减少 488.8 平方千米。2000 ~ 2005 年，轻度沙漠化土地增加，其余各种程度的沙漠化面积减少，总体减少 307 平方千米。2005 ~ 2010 年，减少 820 平方千米。

◆ **发展趋势**

近代，科尔沁沙地是以农为主、农牧结合的经济区域，属中国北方农牧交错带的主带，也是中国沙区中交通最为便利、人口密度最大（每平方千米 24 人）的地区。西辽河平原属中国东北平原"黑土地"的西部，平缓的沙甸子黑土层厚而疏松，养分条件较好，一般旱涝保收；唯表土层疏松，开垦后易受风蚀沙漠化，需营造防风林网。区内大部分土地已经利用，农业用地主要在起伏和缓的固定沙坨上，其他均作为牧业用地。甸子地势平坦，根据水分条件和土壤的性质，又可分为湿甸子、碱甸子和沙甸子，大部分用作牧场和刈割草场，部分开垦为农业用地。科尔沁沙地在中国北方沙区中自然条件最为优越，只要合理利用并加强保护、实行牧林农结合、优化产业结构，生态环境可以得到改善。

浑善达克沙地

浑善达克沙地是距离中国首都北京最近的大型沙地，分布在内蒙古高原的东部。东起大兴安岭南段西麓达里诺尔，向西延伸到集二铁路线。东西长 340 千米，南北宽 30 ～ 100 千米，总面积 2.14 万平方千米。地势由东南的阴山北斜坡向西北倾斜，平均海拔 1100 ～ 1300 米，地面起伏不大，基底是沉积于距今 8000 万～ 300 万年的湖泊相黏土、砂砾层及距今 100 万年前后沉积的湖积 - 冲积沙。

◆ 名称由来

20 世纪 50 ～ 60 年代的文献里，称这片沙地为小腾格里沙漠或沙地。70 年代，遵从当地牧民的习惯，改称浑善达克。浑善达克直译为孤独的马驹或孤独的两岁公马。沙地的得名来自一个美妙的传说：很久以前，有一匹小马驹经常出没在这片水草丰美的草原上，孤独地对天长嘶，仿佛在寻找自己的主人。一代天骄成吉思汗（铁木真）降伏了这匹烈马，并成为他征战天下的四骏之一。从此，牧人们称这片沙地为浑善达克。

◆ 植被与沙丘

浑善达克沙地年降水量 250～400 毫米，由于降水较多，植被生长良好。以禾本科和蒿属植物为主，覆盖度一般在 30%～50%。沙丘以固定及半固定者居多，两者合计占整个沙地面积的 98%。流动的新月形沙丘和沙丘链仅占 2%。在分布上，沙地的东部与西部有明显的差异。西部以半固定沙丘为主，占 34%，并有流动沙丘呈斑点状散布其间；东部则以固定沙丘为主，植被覆盖度阳坡一般 30%～40%，阴坡可高达 60%～70%。除草本外，还出现较多的乔灌木，如榆、山丁子、山樱桃和绣线菊等，另有云杉和油松零星分布。同时，在固定沙丘上还发育了原始栗钙土。浑善达克沙地以固定的梁窝状、半固定的蜂窝状和抛物线沙丘居多，抛物线沙丘的发育过程显示了其是在有植被的环境条件下形成和发展的。

◆ 湖泊

沙地多宽阔的丘间低地，当地群众称为塔拉。塔拉植被茂密，覆盖度常在 50% 以上，是当地的主要牧场，并有不少湖泊分布其间，形成特殊的风景。有大小淡水或咸水湖泊共约 110 个，其成因除古代湖泊残留外，还有一小部分是风蚀洼地季节性积水成湖。面积较大的一些湖泊，如著名的库尔查干诺尔和达里诺尔等，均分布在沙地北缘，其成因与地质构造关系密切，是古代大湖因水位下降而缩小、解体的结果。

◆ 沙漠化历史

距今 8000 年以来，浑善达克沙地气候环境在波动中发展，沙漠以固定为主。中东部沙漠里普遍发育 3 层以上栗钙土型古土壤层，有的地方可多达 4～5 层。浑善达克主体部分是典型的沙丘活化型沙漠化土地。近 1000 年，受气候波动和人类活动影响，部分沙丘活化。13 世纪初，蒙古帝国在高原兴起。1256 年，开始在浑善达克沙地（今正蓝旗五一牧场境内）修筑第一个都城——元上都。1270 年，在沙地北侧达里诺尔湖滨修筑应昌府（鲁王城），并派驻军守卫和屯垦。仅保卫上都的虎贲军就在附近设有 34 个屯垦点，有 3000 人从事屯田，种地 4000 多公顷。这些人为活动打破了沙质草原的脆弱平衡，沙地开始局部活化，风沙再起。元代诗人的笔下，上都初建设时周围"阴阴松林八百里"；建设中"滦人薪巨松，童山八百里"（元上都在滦河上游北岸，按传统也称滦阳，所以有"滦人"之说）；对后期的风沙环境则有"种出碛中新粟卖，晨炊顿顿饭连沙""卷地朔风沙似雪，家家行帐下毡帘"的描述。清代，在沙地东南部闪电河旁建设了塞上名城多伦，与外蒙古（今蒙古国）四十八旗王公会盟，使多伦成为人口 17 万、商家 4000 余户的新城，附近森林惨遭砍伐，草原过牧退化，土地很快沙漠化。20 世纪后半叶，多伦县为实现粮食、饲料、蔬菜自给，出现多次草原垦荒高潮。一次次地过度垦殖，使多伦县近 50 年出现了东西贯穿的 3 条大沙带，总面积约 940 平方千米。

◆ **沙漠化治理**

浑善达克沙地受西北风向控制，使得流沙向东南方向移动，逼近内蒙古高原的边缘。距离北京市最近的地方，直线距离仅 130 千米。浑善达克沙地处在沙尘南下的路径上，因此保护浑善达克沙地的生态环境，治理风沙危害，关乎首都的生态安全和大气环境质量。

2000 年 5 月，朱镕基总理到多伦县南沙口视察，站在沙丘上发表讲话，提出"治沙止漠，刻不容缓"的口号，号召人们治理沙漠化，与风沙做斗争。中央政府遂将浑善达克沙地作为京津风沙源治理工程的重点。经过 10 多年的治理，京津风沙源治理项目取得了明显成效。2000年以来，北京市沙尘天气趋于减少。为进一步改善京津地区的生态环境，2012 年 9 月，国务院常务会议讨论通过了《京津风沙源治理二期工程规划（2013 ～ 2022 年）》，浑善达克沙地及其周边地区仍然是治理的重点，10 年规划锡林郭勒盟安排造林 13067 平方千米，其中人工造林 1900 平方千米、飞播造林 4427 平方千米、封山（沙）育林 6470平方千米。

呼伦贝尔沙地

呼伦贝尔沙地是中国东部纬度最高的大型沙地。内蒙古自治区东北部与蒙古国接壤有两个著名的湖泊，分别为呼伦湖和贝尔湖，湖附近植被茂密，以草甸化草原为主，呼伦贝尔草原是中国著名的天然牧场。草原上零星分布的沙地被称为呼伦贝尔沙地。地质基础是中生代以来沉积的厚层碎屑，地貌为高平原。介于东经 115° 45′ ～ 120° 00′，北纬47° 45′ ～ 49° 40′，散布在呼伦贝尔草原上的沙地总面积约 1.16 万平方千米。

呼伦贝尔沙地比较集中连片的有四条沙带。

◆ 第一条沙带

东起鄂温克族自治旗的霍吉诺尔，西到扎赉诺尔，主要沿海拉尔河南侧分布。东西延伸约 180 千米。其又可划分为东窄（3 ～ 5 千米）、西宽（最宽处 35 千米）的两段，沙丘形态是在纵向沙垄基础上叠加一些规模较小的横向沙垄和新月形沙丘，充分表现出以西北风为主要风向的特征。

◆ 第二条沙带

位于呼伦贝尔草原中部，作西北—东南走向，从鄂龙诺尔到英吉苏木，沿辉河古河道两岸分布。沙带长约 30 千米，宽 5 ～ 10 千米。其中，苏敏偖日沙带沿苏敏偖日古河道分布，并且在古河道东侧的下风方向形成新巴尔虎左旗一带的大片沙区。由于这个地区较为宽阔，风力较小，因此以新月形沙丘链为主。

◆ 第三条沙带

在呼伦贝尔草原南部，东南始于伊敏河畔头道桥，西北到阿木古郎镇（又称甘珠尔庙）北部沼泽。以呼和诺尔为界，沙带又可分为东西两部分。东部沿辉河南岸分布，南抵中蒙边界；西部作扇形分布，南抵哈拉哈河。其中，诺门罕沙地是海拉斯台音河和哈拉哈河的河流沉积物在东岸下风方向所形成的北东向沙地。沙丘链基本都起源于哈拉哈河的东岸滩地，沙丘链的走向指示风沙从西南移向东北。沙地面积大，向东与乌素特柴达木沙带会合后，继续沿大兴安岭山前向北东方向延伸，与红花尔基沙带连成一片。山前的沙带东部生长有原始樟子松林。在呼和诺尔河上游，沙丘覆盖了河道，显示沙丘形成较晚。

◆ 第四条沙带

在呼伦贝尔草原东南部，沿伊敏河作南北走向，南起必鲁特，北到南屯（鄂温克族自治旗政府所在地）。沙带南北长约85千米，东西最宽处约25千米。其中，红花尔基沙带主要分布在辉河与伊敏河上游的山前地带，在辉河一带与诺门罕南北沙地相连。沙地上覆盖了大片的原始樟子松，且分布面积属中国最大。这里的辉河河道明显切过原有沙地，显示现代辉河河谷的形成晚于沙地。在北西、西风力作用下，不仅形成大片沙地，而且风沙覆盖了东侧辉河—伊敏河之间部分山前基岩低山。樟子松分布受沙丘的严格控制，因此可以断定，樟子松的最初来源应该是西侧呼伦贝尔平原区，后因气候变化，出现大规模风沙，树种被风力搬运到大兴安岭山前沉降下来，而山前较为丰沛的地下水促使其生长。

◆ 其他沙带

除上述四条沙带以外，还有呼伦湖东岸沙带、巴润浩来音沟沙带等。呼伦湖东岸沙带沿呼伦湖东岸带状分布，系湖滨沙受风力吹扬而在下风方向形成的风成沙丘带，因此沙丘呈现向南东方向移动的特点。巴润浩来音沟沙带沿巴润浩来音沟古河道展布，系古河道沉积物被风力改造后形成的风成沙丘带，河道湿地、盐湖和沙丘交替分布。沙丘发育不突出，显示其形成时间较短。

松嫩沙地

松嫩沙地位于松嫩平原中西部，主要分布在嫩江及其支流、松花江上游、洮儿河、霍林河等河流的河漫滩、一级阶地和冲洪积扇上。沙地的西界为大兴安岭山前台地的前缘，大致沿平齐铁路的西侧；东界大致沿讷河—林甸—安达—肇源—陶赖昭一线，其中段主要沿通让铁路的东侧；沙地的北端束窄，由齐齐哈尔向北直到讷河市境内。沙地南北长约 380 千米，东西宽约 250 千米，平面轮廓南宽北窄，略呈倒楔形。面积 6010 平方千米。松嫩平原是东北平原的一部分，沙地处在其北端，西接大兴安岭，北为小兴安岭，东邻张广才岭，南以松辽分水岭为界。松嫩沙地的自然植被大部分为草甸草原，高处常有榆树疏林，向东过渡为森林草原。分布在沙地的草原由于过度利用和垦耕，造成了草原沙化。

◆ 自然地理

构造和地貌

大地构造属松辽沉降带，是在中生代断陷盆地的基础上发展起来的冲积－湖积平原。由于新构造运动的掀斜作用，平原地面总体向西南微倾。区内地势低平，平均海拔 120～200 米。新构造运动促进了水系的变迁，大河频频改道，在平原上留下很多故道、洼地，因而形成了松嫩沙地古今河道纵横、湖泡星罗棋布、沙丘起伏连绵的地貌特色。松嫩沙地以固定、半固定沙丘为主，固定沙丘占 27.8%，半固定沙丘占 70.26%，流动沙丘很少，仅占 1.94%。沙丘形态类型比较简单，主要有沙垄、梁窝状沙丘、草灌丛沙丘和缓起伏沙地，以及少数新月形沙丘等。

气候

松嫩沙地是受夏季风影响最大和最湿润的沙区。属温带半湿润气候，冬季低温干燥，夏季温和多雨，春秋两季降水稀少、风速较大。具有典型的雨热同期、旱风同相现象。

水系

松嫩平原上的主要河流有嫩江、松花江、呼兰河、拉林河等，自周围山地流入平原，汇入松花江，构成松花江水系。松嫩水系不仅是松嫩平原发育的外动力之一，也为松嫩沙地的形成创造了极为有利的条件。面积在 6.7 公顷以上的湖泊有 7378 个，总面积约 4176 平方千米，大多数属河成湖。湖泊多为淡水湖，水量和水位高低与江河的汛期有关，一般水深 1～2 米，最深者可达 4 米。还有一部分湖泊（约 6%）的成因与风蚀洼地或沙丘、沙垄之间的丘间低地积水有关，湖泊水较浅，一般仅 1～2 米，多为盐碱湖。地下水资源也丰富，潜水埋深较浅，便于开采，为沙地的整治与开发提供了水源。

植被

松嫩沙地植物区系成分复杂，种类丰富。约有维管束植物 800 种，其中木本植物较少，草本植物占绝对优势。榆树疏林草原分布在沙丘或缓起伏沙地较高的部位，构成松嫩沙地独具特色的群落类型。而羊草草甸草原在草原中分布面积最大，群落盖度 60%～80%，为本区发展畜牧业提供了优等的放牧场和割草场。

◆ 开发和治理

松嫩沙地具有开发晚和自然条件优越等特点。据史料记载，清代松嫩沙地曾被划为禁区，在客观上起到了自然保护区的作用，光绪三十年（1904）才开始放荒。真正大规模的垦殖始于 20 世纪中叶以后。松嫩沙地是中国生物气候条件最优越的沙地，松嫩沙地沙漠化程度较低，潜在沙漠化土地约占沙地面积的 56%，正在发展（轻度）的沙地占沙地面积的 36%，强烈发展（中度）沙地的占沙地面积的 7%，严重（重度）沙地占沙地面积的 1%。

松嫩沙地是中国沙地中人口密度最大、城市最集中、工业交通最发达、经济活动强度最大的沙区，但鉴于该地区沙漠化现象有所加剧，而松嫩沙地的沙漠化又主要是固定沙地的活化，所以防止沙地进一步活化，使其沙漠化逆转，是必须解决的重大课题。沙地开发治理的正确方向是"防、治、用结合"，逐步建设沙地"林、草、田"人工复合生态系统。沙地治理的主要措施包括：①加强以保护生态环境为主要目的的林业建设，完善防护林体系，充分发挥林地立体结构的多种效益。②扩大林牧用地的比重，集约经营和压缩劣质耕地。③建立基本农田。④建立人工草业基地，推广草原放牧与集约育肥相结合的舍饲、半舍饲制度等。

宁夏河东沙地

宁夏河东沙地是覆盖在黄河宁夏段河谷东鄂尔多斯台地边坡上的沙地。位于毛乌素沙地西南部，大部分不与毛乌素沙地衔接，沙地的植被群落组成和沙源都有其自己明显的特征。黄河宁夏冲积平原上屡有片状沙地分布，这些零星的沙在西北强风的吹刮下，向下风向移动，堆积在平原东边鄂尔多斯高原西缘边坡地带，形成了最初的宁夏河东沙地。

◆ 演变历史

宁夏河东沙地是典型的历史时期的沙漠化土地。汉代以前是水丰草茂的原野，居住在这里的人类以狩猎和放牧为生。西汉晚期至王莽时期，大量移民进入宁夏平原进行土地开垦活动。之后又经历了唐代的大规模开发。到北宋时期西夏兴起于宁夏平原之时，这里已是"茫茫沙塞""瀚海七百里"了。西夏时期，土地大规模开发更引起土地退化。明清以来，宁夏平原的大规模土地开垦，终使湖泊湿地萎缩和干涸，沙地面积迅速扩大。

◆ 分布范围

宁夏河东沙地南北向呈长条形延伸于黄河平原东侧斜坡地带，包括平罗县、灵武市、盐池县、同心县、银川市。西接黄河灌溉平原，北侧和东北侧连接毛乌素沙地，东及东南伸入黄土高原，地域面积 19000 平方千米，其中沙丘面积约 3800 平方千米。有流动沙丘 1050 平方千米，近乎 78% 集中分布在平罗、灵武和银川境内，以流动的新月形沙丘及沙丘链为主，沙丘高度一般 3～5 米，个别沙丘高达 15～20 米。风蚀形成的残丘和洼地有一定分布。

北部沙带

包括：①红崖子—横城沙带，长 70 千米。②灵武城东南—石沟驿沙带，长 30 千米。这两条沙带均沿着黄河冲积平原的东缘南北向分布，掩盖了黄河阶地和河漫滩。多固定半固定平沙地和波状沙地，土壤为松沙质原始棕钙土，植被覆盖度 30%～50%，固定沙地植被盖度可达 60% 以上。主要植物以油蒿和白刺为主，其次为籽蒿、沙生针茅、沙竹、蒙古岩黄芪、牛心朴子。越远离黄河冲积平原，流动沙丘面积越小，固定半固定沙丘面积相对增加。

南部沙带

主要在鄂尔多斯高原西南缘，大体沿明代长城以北的洼地两侧和西天河谷地作西北—东南方向断续分布。包括：①横城北—大处湖沙带，长约 50 千米。②灵武城东—磁窑堡—宝塔沙带，东西长约 60 千米。与北部相比，沙地较为宽阔，流动沙丘增多，形态以新月形沙丘链、格状沙丘为主，在磁窑堡西侧猪背岭一带有格状沙丘，有些沙丘覆盖在基岩残丘上。固定、半固定沙丘仅见于流沙边缘或剥蚀残丘的附近，沙丘高度一般在 3 米以下。在盐池一带的黄土地区，也可见到零星分布着低矮新月形沙丘的平沙地。植被盖度减少 25% ～ 40%，沙丘植物除了常见的沙柳、蒿类、花棒、羊柴、沙竹、沙米外，还有在乌兰布和沙漠常见的沙冬青、甘草、木霸王小面积出现；在接近黄土梁地的地方，有猫头刺大量分布。这都是其有别于毛乌素沙地的特别之处。

◆ **物质来源**

黄河冲积沙向下风向集中，形成了河东沙地的雏形。而现代黄河冲积沙源已远离沙地，沙物质主要来源于当地河湖洼地沉积、砂岩风化物，也有银川盆地边缘洪积物。在南部，主要来源于富含沙的沙质黄土风蚀分选物和砂岩风化残积物。

第 3 章

戈壁

　　戈壁是地面为碎石或卵砾石覆盖的荒漠地区。"戈壁"一词来自蒙古语汇，原意指"茫茫一片碎石覆盖，不生草木的地方"。广义的戈壁包括岩漠和砾漠；狭义的戈壁仅指大小砾石覆盖的砾漠。中国戈壁的研究程度较低，大片戈壁没有命名，缺乏综合考察。

◆ 岩漠

　　地表组成物质多为粗大风化岩块和平缓的基岩露头，又称剥蚀碎石石质戈壁。地面波状起伏，水土缺乏，植被覆盖度一般在 10% 以下。常见小型风蚀地貌，如蘑菇石、风蚀坑、风蚀洞、风蚀残丘等。显著特征：①风棱石相当普遍，多呈三棱形，表面十分光滑。②暴露地表的岩石和碎石由于表面水分蒸发时所溶解的矿物残留下来并经过磨蚀，形成一层乌黑发亮的深褐色铁锰化合物——荒漠漆，漆厚约 1 毫米，地表呈一片黑色，被称为黑戈壁。撒哈拉荒漠的岩漠和砾石戈壁占总面积的 70% 以上；中国戈壁的面积与沙漠相当，岩漠主要集中在新疆东部和河西走廊西部干燥剥蚀干燥准平原化的高原和低山残丘上，包括中央戈壁、噶顺戈壁和准噶尔盆地东部的诺敏戈壁。

◆ 砾漠

又称沙砾石戈壁。根据戈壁砾石层厚度和形成过程，分为堆积沙砾石戈壁和风蚀沙砾石戈壁。①堆积沙砾石戈壁，简称堆积戈壁。地表物质主要为砾石并夹有沙土或沙的透镜体，多见于山麓倾斜平原地带。堆积沙砾石戈壁的物源是山地风化剥蚀的岩石碎屑经流水搬运出山后，随着流水流速骤减，沉积在山麓地带，形成大面积堆积厚度几十米到几百米、砾径大小混杂的洪积扇。由于山麓河流较多，水分条件较好，堆积沙砾石戈壁地区的植被覆盖度可达 10% ～ 30%。堆积戈壁一般形成时间较短，砾石表面岩漆化过程不充分，难以形成荒漠漆皮，堆积戈壁表面保留原来堆积时的色调，呈浅灰色，对应黑戈壁称为白戈壁。世界荒漠地区各大剥蚀山脉山前都有堆积戈壁存在。如中国西北准噶尔盆地、塔里木盆地和柴达木盆地周边的山系，祁连山、阿尔金山、昆仑山、天山、阿尔泰山脉的山麓地带都有分布。②风蚀沙砾石戈壁，简称风蚀戈壁。地表物质为一薄的砾石层，厚度大致相当于砾石的最大直径。下部仍为沙砾石、土状堆积物的混杂堆积，故又称假戈壁。分布在高平原、远离山麓的混杂堆积地区。有季节性降水地带的风蚀戈壁，水分条件较好，植被覆盖度 10% ～ 30%，形成戈壁草原，归为荒漠草原带的一部分。中国内蒙古高原的中西部多出现风蚀戈壁。现代沙漠化过程中的砾质化是在人为作用干扰下，土地向近似风蚀戈壁类型的发展过程。

噶顺戈壁

噶顺戈壁是中国面积最大的戈壁。西部涵盖了库尔勒库鲁克塔格山前平原，东抵甘肃河西走廊北山西侧，北自东天山山前吐鲁番—哈密盆地，南至罗布泊低地北侧和疏勒河北山。东西长 720 千米，南北宽 240 千米，面积约 12 万平方千米，是中国最为著名的成片风蚀戈壁，也是整个欧亚大陆戈壁分布最为集中的地区。年降水量 10 ～ 30 毫米，蒸发能力在 3000 ～ 3500 毫米，干燥度达 29 ～ 60，是世界上极端干旱的地区之一。

最西部的库鲁克塔格山前平原偶有季节性洪水作用。东部的地质基础为古近纪准平原面，后经微弱隆起形成的低山和高原，地表大部分为粗屑风化物所覆盖，有的地方基岩直接暴露于地表。形态呈波状起伏的石质剥蚀平原，或以岛山分布的石质（戈壁）平原和台阶状的剥蚀高地，在其高夷平面上，古红色黏土风化壳已被剥蚀，有的地方还残留有厚度约 50 厘米的残积层；而在断裂下陷的谷地和盆地中，古风化壳得以完好保存，厚 2 ～ 2.5 米，向下逐渐过渡到基岩。风化壳上部为洪积和冲积层覆盖，土层极瘠薄。石头表面有黑色无光的荒漠漆，碎石以下为石膏层，再下为平均厚度 15 厘米、最厚可达 30 ～ 40 厘米的坚硬盐盘，盐盘以下又为石膏层。地面缺乏径流，地下水埋藏极深，环境极端干旱，戈壁面上大部分没有植物生长，只在干沟中可见耐旱喜石膏的植物，如伊林藜和盐生草。

将军戈壁

将军戈壁位于准噶尔盆地东缘东天山北麓。北以断续分布的低矮沙丘地与北塔山下的诺敏戈壁分开。属东天山戈壁带，天山山前的中新生代陆台式沉积凹地构造。名称源于戈壁深处的一座小庙——将军庙，据传是为纪念一位曾在这里御敌的唐朝将领所建。在古生代褶皱的基础上沉积了倾斜角度甚小、厚度又不大的陆相沉积。戈壁上的砾石层厚度不一，砾石大小混杂，多为磨圆度较好的圆砾，部分覆以荒漠漆；成分和成因复杂，包括天山山脚地带的冰川漂砾、冰水－古河流冲积砾石、古湖岸堆积砾石和现代山前洪积物。地貌亦包括风蚀残丘、冰川终碛堤、冰川洪积平原、古湖岸阶地、干湖盆和沙丘地。将军庙戈壁以奇台县城北 155 千米外的硅化木、恐龙国家地质公园吸引着中外地质工作者和游客。

◆ **奇台硅化木群**

奇台硅化木群主要分布在石树沟一带，这里的大地貌单元属于风力侵蚀的残丘地带，已查明的 3 个硅化木埋藏层分布在一条长约 6 千米、宽 2 千米、总面积不到 12 平方千米的冲沟内；出露硅化木近千株，直径大多 100 厘米左右，最大直径达 280 厘米，最长树干长 26 米，规模居亚洲第一。硅化木群是以柏型木为主的针叶树，伴有原始云杉、南美杉和茂盛的蕨类植物等。树木或直立或倒伏，或断裂数节。有的还保存树根、枝条，为原地埋藏。硅化程度高，石质坚硬，达到玛瑙级，木质结构和年轮十分清晰。

◆ **恐龙化石**

向东 5 千米是享誉中外的恐龙沟，产出地层是同为距今 1.5 亿年前的白垩纪淡紫色泥质砂岩。1931 年，中国著名地质学家袁复礼在这里发现了恐龙化石，并将其命名为奇台天山龙。1984 年以来，中外古生物专家在这里先后共挖掘出 6 具完整的恐龙骨架。其中一具长 30 米，高 10 多米，体重约 50 吨，是亚洲第一、世界第二大恐龙化石，属蜥脚类恐龙——马门溪龙。另一具为大型兽脚类恐龙——江氏单嵴龙。

走廊北山戈壁

走廊北山戈壁是中国著名的"黑戈壁"地带。河西走廊西北部的北山是塔里木盆地与阿拉善高原之间的一带干燥剥蚀中山，是中国戈壁集中分布的地区之一。

◆ 基本概况

其西端揳入罗布泊洼地，东端延伸到弱水西岸，由一系列海拔 1300～2000 米的雁行山脉（或高地）组成，包括星星峡高地、马鬃山、小马鬃山、大青山—白山子等。最高峰马鬃山海拔 2583 米。地质构造上，马鬃山和北山山地是前寒武纪马鬃山-阿拉善地台的一部分，是一个长时期以来稳定的隆起地块，古老岩层被剥蚀和侵蚀成低山残丘。受古近、新近纪喜马拉雅造山运动断块作用的影响，造成一系列东西向或东北—西南向的陆梁，陆梁之间下陷为堆积场所。马鬃山山峰和谷地都很狭窄，向东西两侧山势渐趋散乱，谷地亦渐拓宽。马鬃山一带水土俱缺，人烟稀疏，遍地铺满岩石风化碎屑"黑戈壁"，号称"戈壁的戈壁"。已命名的戈壁包括马鬃山东部的吉格德查干戈壁和弱水西岸的中央戈壁，其余多数尚无人命名。

◆ 戈壁类型

戈壁类型分为剥蚀-坡积-洪积碎石和沙砾戈壁、剥蚀-残积-坡积石质和粗砾戈壁、洪积砾石戈壁 3 种类型，总面积接近 10 万平方千米。

剥蚀－坡积－洪积碎石和沙砾戈壁

分布在红柳园—峡东—红泉—七个井子一线以北的马鬃山－北山山地主体，与石质低山及山间盆地交错，有时广布成片，有时又零星出现。由强烈剥蚀风化的古老岩层就近坡积和洪积的碎石或沙砾组成，地面基本平坦，砾石成分与山地基岩相同，多为花岗岩、片麻岩、石英岩、石英片岩等，砾径 3 ～ 10 厘米。其中，花岗岩地区沙粒较多，条件较好。碎石和沙砾表面具有明显的"漆面"，形成黑戈壁。戈壁面上温度变化剧烈，多大风，降雨和地面径流稀少，地下水埋深在 10 ～ 20 米以下。土壤也多为瘠薄的石膏棕色荒漠土，一般土厚 50 ～ 60 厘米，有长期形成的生物结皮。在砾石面和结皮之下为红棕色石膏层，在坡积物中堆积最厚，而在冲积物中消失。植被稀疏，一般覆盖度在 5% 以下，以耐旱的红砂、泡泡刺、合头草、膜果麻黄等为主。与其他戈壁类型相比，这里由于地势较高，水分条件稍好，人为破坏较少，也有较多的梭梭、锦鸡儿等灌木分布，局部地方覆盖度可达 20% ～ 30%。

剥蚀－残积－坡积石质和粗砾戈壁

呈东西带状分布于上述类型之南的马鬃山、北山的山前地带，地面几乎全部为戈壁，组成物质以石质和粗砾为主，砾石和沙砾戈壁则仅限于局部较低洼地点。从现代地质地貌作用讲，是外营力剥蚀作用大于内营力隆起作用的地区，准平原化现象显著，山地已被削平，或作零星的残丘存在，地面基岩裸露或只覆盖薄层砾石，形成显著的黑戈壁。沟谷分割剧烈，但缺乏常年有水河流，地面略有起伏，地下水埋深在一二十米以下，加之气候干旱多风，土壤多为瘠薄的石膏棕色荒漠土，只有局部较低洼地方有普通棕色荒漠土和冲积土。植被十分稀疏，覆盖度大都在 1% 以下，由散生的红砂、泡泡刺组成，植株矮小，一年中多处于半休眠或休眠状态，只有侵蚀沟或小沙堆上植被生长状况较好，以膜果麻黄群丛为主，覆盖度可达 5% 左右。

洪积砾石戈壁

呈一条东西向的狭带，分布于马鬃山 - 北山山地南麓山前倾斜平原，即山地与现代河谷过渡地区。地面自东北向西南徐徐下降，由于现代侵蚀沟的分割，微作波状起伏，地面皆为戈壁覆盖。组成物主要为第四纪洪积碎石和沙砾，砾径 2 ～ 10 厘米，均带有棱角，具有漆面。成分以硅质石灰岩、石英片岩、石英岩、花岗岩为主，由马鬃山 - 北山山地搬运而来。石膏棕色荒漠土厚达 20 ～ 100 厘米，以下有石灰质结核和石膏层。植被类型与剥蚀 - 残积 - 坡积石质和粗砾戈壁相仿，以稀疏、矮小、种层单纯为特色，现代侵蚀沟中的植被稍茂密。

第4章

荒漠草原

　　荒漠草原是草原向荒漠过渡的植被类型，为草原中最旱生的一种类型。荒漠草原建群种由强旱生的丛生禾草构成，并混生大量强旱生小半灌木，且在群落中形成稳定的优势层片，有时灌木可以成为优势种，一年生植物和地衣、藻类也经常出现在群落中。

◆ 地理分布与生境特征

荒漠草原（朱玉摄）

　　荒漠草原主要分布于亚洲大陆内部，处于温带草原区的西侧，以狭带状呈东北—西南方向分布，向西逐渐过渡到荒漠区。在中国，荒漠草原主要分布在内蒙古西部、新疆及宁夏等地区。荒漠草原在气候上处于干旱区与半干旱区的边缘地带，受蒙古干旱气流的影响，属于典型大陆性气候。平均气温 4.6℃；年降水量≤250 毫米，其中生长季（6～8 月）的降水量占全年降水量的 60% 以上。优势土壤类型为淡栗钙土与棕钙土。

◆ 主要植被类型

　　荒漠草原包括 3 个群系组，以丛生禾草草原为主；其次为小半灌木草原以及杂类草草原。丛生禾草荒漠草原包括戈壁针茅草原、石生针茅草原、短花针茅草原、沙生针茅草原、东方针茅草原、高加索针茅草原和拟长舌针茅草原。其中，戈壁针茅草原是亚洲中部荒漠草原地带最基本的一类丛生禾草草原，在中国主要分布在内蒙古的乌兰察布高原和鄂尔多斯高原的中西部地区，向西在荒漠区的山地也有出现。戈壁针茅草原是耐寒的草原群系之一。其分布区内年降水量一般低于250毫米。土壤为棕钙土，腐殖质层比较浅薄，20～25厘米以下普遍存在钙积层，地面通常覆盖着薄层的粗砂与砾石，这是常态风蚀的结果。戈壁针茅是一种耐旱性极强的草原建群植物，除组成荒漠草原群落外，还广泛渗透到荒漠群落中，成为草原化荒漠植被的主要共建种之一。石生针茅的形态特征和戈壁针茅十分相似，但两者的生态习性很不一致。戈壁针茅在内蒙古高原荒漠草原地区是最占优势的地带性植被的建群种，而石生针茅则主要见于山地和石质丘陵上部，并与砾石质土壤有密切联系。短花针茅草原主要分布在亚洲中部荒漠草原地带气候偏暖的区域，同时也分布于荒漠区的一些山地。它的分布中心是中国黄土高原地区，与克氏针茅草原呈复区出现。沙生针茅草原是亚洲中部草原地区一个重要的荒漠草原群系，其分布区东界和北界均与戈壁针茅大体一致，但西界和南界超出了戈壁针茅草原的分布范围。小半灌木荒漠草原主要指女蒿草原、菴状亚菊草原、灌木亚菊草原和驴驴蒿草原。杂类草荒漠草原主要为多根葱草原，这类草原在生态性质上与丛生禾草草原相似，与草甸草原中的杂类草草原则有质的差别。

◆ 价值与保育

荒漠草原地带的牧民限于严酷的生态环境和生产力较低的草场，驯养的家畜大多以耐旱的双峰驼和山羊为主。由于生态环境的严酷性和气候的波动性，荒漠草原是十分脆弱的生态系统，草原退化面积达90%以上。因此，荒漠草原具有发生荒漠化的潜在危险。为了保护荒漠草原脆弱的生态环境，需要对荒漠草原实行控制放牧，限制过高的家畜载畜率。此外，荒漠草原畜牧业生产，也需要充分利用相邻的农牧交错区的农副产品资源。

欧亚大陆草原

欧亚大陆草原是连续分布于欧亚大陆的草原。西起欧洲多瑙河下游，沿北半球温带地区或高寒地区呈连续带状分布（北纬35°～51°），东西跨110个经度，经匈牙利、罗马尼亚、俄罗斯和蒙古，东达中国东北平原，然后折向西南沿中国农牧交错带南抵青藏高原腹地。是世界上面积最大的连续分布的草原。又称欧亚草原、欧亚大草原。根据地理成分和生态环境可分为3个亚区，即黑海—哈萨克斯坦亚区、亚洲中部亚区、青藏高原亚区。

属于典型的温带大陆性气候，年降水量250～750毫米，东西降水量差异显著，每年都有1个旱季。哈萨克斯坦以西受地中海—中亚气候影响，表现为夏季干旱；亚洲东部受东亚季风的影响，春季干旱，由南向北干旱程度逐渐增强。土壤为地带性钙质土，由北向南依次出现黑钙土、黑垆土、栗钙土和灰钙土等，干旱半干旱地区土壤盐渍化及沙漠化严重。

欧亚大陆草原的地带性草地从干旱区向半湿润区依次为荒漠草原、典型草原和草甸草原。植被的组成以丛生禾本科植物为主，主要是针茅属、羊茅属植物等，与之相伴的菊科、蔷薇科、莎草科、豆科和藜科植物等占有一定比重，以地面芽植物为主。草原植物旱生结构明显，包括叶面缩小、叶片内卷、气孔下陷、被毛等。植物的地下部分发达，分布面积超过地上部分，地上部分含水量一般为 60%～70%。根系主要集中在 0～30 厘米土层，荒漠草原、典型草原和草甸草原根冠比中值分别为 6.7、5.3 和 5.2，高寒荒漠草原、高寒典型草原、高寒草甸的根冠比分别为 7.1、9.3 和 8.7。植物的发育节律与气候相适应，季相明显，以营养繁殖为主。草原主要放牧牛、山羊、绵羊、马和驴等，随季节变化逐水草而生，四季牧场产草量不平衡，夏季牧场"赢供"，冬场牧场"亏供"，改良冬季牧场，建立稳产高产的饲草基地，或秋季打草贮备，是缓解牧场草畜供求关系季节性不平衡的重要措施。

动物区系以大型有蹄类为主，随着人类大量的猎杀，这类动物锐减，野驴、藏羚和野骆驼已很稀少；野牛群退缩至欧洲的森林，数量极少；欧亚大草原广泛分布的高鼻羚羊只能在狭小地区或自然保护区生存；黄羊数量锐减，但已略有恢复。啮齿动物的进食和穴居活动对草原生态系统食物网有较大影响。

阿尔泰草原

阿尔泰草原是位于中国新疆最北部的草原。东、西、北分别与蒙古、哈萨克斯坦和俄罗斯相邻。阿尔泰草原的西部和中部属于欧亚大草原西南部黑海—哈萨克草原区向中国延伸的最东端；东部则属于欧亚大草原蒙古—兴安岭东部草原区，是连接欧亚大草原的重要通道。温性荒漠是阿尔泰草原的基带，随着海拔升高，垂直发育着温性草原化荒漠、温性草原、山地草甸、亚高山草甸、高山草甸带，温性荒漠草原和隐域性草地呈片状分布，西北部降水丰富的高山上，还有冻原发育。除基带温性荒漠外，阿尔泰草原面积约 264.64 万公顷。主要放牧草食家畜，即阿勒泰羊、阿勒泰白头牛，伊犁马等。

肃北草原

肃北草原位于中国甘肃省肃北蒙古族自治县内，地处祁连山西端和马鬃山地区，连接蒙古高原和青藏高原。面积 518.19 万公顷，是甘肃省连片分布面积最大的草原，占甘肃省草原总面积的 28.95%，面积占全县土地总面积的 78.06%。肃北草原由两个区域组成：①祁连山地区草原。处在北纬 38° 13′ ~ 39° 53′，东经 94° 33′ ~ 98° 59′，地貌为高寒山地和山间盆地，海拔 2500 ~ 4500 米，年日照时数 2841 小时，年平均温度 6.3℃，年降水量 86 ~ 280 毫米，年平均无霜期 156 天；地带性土壤有高山荒漠草原土、高山草甸土、亚高山草原土、山地灰棕漠土、草甸沼泽土等；畜种以山羊和骆驼为主。②马鬃山地区草原。处在北纬 40° 38′ ~ 42° 08′，东经 95° 30′ ~ 98° 20′，地貌为低山残丘、戈壁和山间盆地，海拔 1500 ~ 2000 米，年日照时数 3316 小时，年平均温度 3.9℃，年降水量 85.2 毫米，年平均无霜期 128 天；土壤主要为灰棕漠土、棕漠土、盐土等；畜种构成以绵羊、山羊、牦牛、骆驼和马为主。

可以划分为 9 类 17 亚类 19 组 29 型。肃北草原类占甘肃草地类的64%。形成肃北草原类型多样的主导因素，总体上受地理控制，加之祁连山横亘于南，从东到西东南季风的影响减弱，从西北到东南极端干旱荒漠气候增强，草地类型沿高大山体垂直分异明显，中东段海拔从低到高依次分布着荒漠、高寒荒漠草原、高寒典型草原、高寒草甸草原、高寒典型草甸、高寒灌丛等，西段依次为荒漠、高寒荒漠草原和高寒典型草原，中间偶有盐渍化草甸。

格根塔拉草原

格根塔拉草原位于内蒙古乌兰察布市四子王旗境内，北纬41° 46′ ~ 41° 50′，东经 110° 45′ ~ 110° 52′，海拔 1366 ~ 1819 米，距呼和浩特市 130 千米，面积约 150 平方千米。格根塔拉草原也是中国重要的航天飞船着陆场。格根塔拉是蒙语，意思是"辽阔明亮的草原"。格根塔拉草原面积广大，景色壮美，从南向北有山地草原、低山丘陵波状平原草原、高平原荒漠草原、半荒漠草原，以及沙地植被草原和低地草甸草原，是优质的天然牧场。建群种和优势种为短花针茅、克氏针茅、冷蒿、亚洲百里香、无芒隐子草、细叶韭等。格根塔拉草原还是很多草原野生动物的栖息地，主要动物有马、山羊和骆驼，这里也是蒙古百灵鸟的天堂。

格根塔拉草原旅游区始建于 1979 年，是一个极具蒙古民族风情的旅游景点。每年 8 月举办的那达慕草原旅游节，是具有鲜明民族特色的传统活动，也是一种蒙古族人民喜爱的传统体育活动形式。游客可以观看到蒙古族的赛马、摔跤、射箭等传统民族活动。

鄂尔多斯草原

鄂尔多斯草原是覆盖鄂尔多斯高原地带性植被的总称。

◆ 类型

从植被地理学和植被生态学来划分，鄂尔多斯草原包括典型草原、荒漠草原和草原化荒漠三大类型，人们习惯称之为鄂尔多斯草原。

中国植物生态学家李博等于 1990 年从植被生态学的角度，对鄂尔多斯进行了较为系统的植被地理和植被生态的研究，提出鄂尔多斯存在典型草原、荒漠草原和草原化荒漠 3 个亚地带，其中典型草原是鄂尔多斯高原植被的主体。这 3 个亚地带的界线大致为包头—定边一线，以东是典型草原，石拉召—鄂托克旗一线以西是草原化荒漠。典型草原区的年降水量为 300 ~ 450 毫米，荒漠草原的年降水量为 200 ~ 300 毫米，草原化荒漠的年降水量为 160 ~ 200 毫米。

典型草原植被均以中旱生丛生禾草——光芒组和须芒组的针茅为基本建群种，典型草原的本氏针茅草原是在显域生境上所形成的地带性草原植被的主要类型，群落组成中最常见的植物是隐子草属植物。与蒙古高原草原植被共有的种类有克氏针茅、糙隐子草、冰草、冷蒿等。在退化的梁地上，草原衍生变型，百里香小半灌木群落广泛发育，并成为很稳定的群落类型；在覆沙的隐域生境上，油蒿群落组成的沙生灌木植被为在低湿地的隐域生境上最发达的沙生植被类型，植被类型非常复杂，其中分布最多的是苔草、杂类草矮草草甸、拂子茅草甸、芨芨草盐化草甸、马蔺盐化草甸，由中生灌木沙柳、乌柳等组成的柳湾林也有相当广泛的分布。

荒漠草原的地带性植被类型，由于气候较草原区更为干旱，因此，大大限制了小型针茅草原的普遍发育，植物群落中具有较发达的小半灌木和灌木的层片，构成了荒漠灌丛的景观。最广泛分布的植被是冷蒿群落，因此冷蒿植被存在许多变型，可与狭叶锦鸡儿和刺叶柄棘豆等灌木或小灌木组成灌丛化草原景观。与蓍状亚菊、百里香、麻黄等小半灌木和半灌木共建群落，也可与克氏针茅、短花针茅、戈壁针茅组合，形成荒漠灌丛草原植被。藏锦鸡儿群落是荒漠灌丛的重要植被类型，藏锦鸡儿是旱生性明显的夏绿矮灌木，其形成的风积沙堆非常醒目。藏锦鸡儿群落的种类组成以亚洲中部干旱区荒漠草原植被成分占优势，此外，狭叶锦鸡儿群落也是荒漠灌丛的重要植被类型。

草原化荒漠位于鄂尔多斯西部，该区气候干旱，年均降水量不足150毫米，而蒸发量达3400～3500毫米，是年降水量的20倍以上。地带性土壤为灰漠土。地带性植被以强旱生灌木、半灌木为建群种的草原化荒漠，自东向西主要分布有藏锦鸡儿群落、驼绒藜群落、绵刺群落、四合木群落、沙冬青荒漠群落。半日花荒漠群落主要分布于卓资山的低山丘陵地区，红沙荒漠群落主要分布于卓资山东麓的洪积扇上，西伯利亚白刺群落主要分布于盐湿低地的黄河阶地上，油蒿群落分布于区域内的零散厚层覆沙地上。

◆ 植物区系

鄂尔多斯植物区系属于欧亚草原区和亚洲荒漠区，总属于泛北植物区系，东部与中国华北森林区为邻，东南部与黄土高原区衔接，西与阿拉善荒漠区相连。因此，植物种类较为丰富和复杂，植物组成表现了这几个区系的特点。

亚洲中部植物区系成分在鄂尔多斯种类较多，有狭叶锦鸡儿、小叶锦鸡儿、中间锦鸡儿、蒙古莸、蒙古岩黄芪、油蒿、大籽蒿、霸王、膜果麻黄、珍珠柴、松叶猪毛菜、合头藜、唐古特白刺、齿叶白刺、蒙古沙拐枣、绵刺、沙冬青、四合木、长叶红砂、细枝盐爪爪、旱蒿、中亚紫菀木、蒙古扁桃等。

东亚植物区系成分有辽东栎、油松、杜松、侧柏、大果榆、山杏、三裂绣线菊、桃叶卫茅、小叶鼠李、酸枣、达乌里胡枝子、黄刺玫、虎榛子、柽柳、艾蒿等。

地中海植物区系成分有半日花、梭梭、优若黎、胡杨、木旋花、木地肤。属于黑海—哈萨克—蒙古植物种的有小叶忍冬、小叶金露梅等；属于古北极植物种有叉枝圆柏（沙地柏）、百里香、亚洲百里香等；泛北极植物种的有冷蒿，属于鄂尔多斯特有植物种的有内蒙古亚菊、油蒿，是以鄂尔多斯为分布中心的植物种，四合木、绵刺、沙冬青则是以东阿拉善－西鄂尔多斯为中心分布的植物种。

◆ 动物资源

鄂尔多斯草原主要的家畜种类有绵羊、山羊及少量的骆驼。野生动物有黄羊、刺猬、艾鼬、黄鼬、赤狐、兔狲等典型草原动物，爬行类中的白条锦蛇、丽斑麻蜥和草原沙蜥为优势种。西部鄂尔多斯荒漠草原主要分布有原羚、子午沙鼠、短耳仓鼠、羽尾跳鼠、五趾跳鼠、长尾倭三趾跳鼠、虎鼬、沙狐和大耳猬等。

阿拉善草原

阿拉善草原是分布于中国内蒙古自治区西部阿拉善盟所辖范围内的天然草地。全盟共有天然草原 1743.5 万公顷，占全盟总土地面积的 68%，可利用草原面积为 1011.2 万公顷，占天然草原总面积的 58%。阿拉善盟地处亚洲荒漠亚区的东部，地貌以高平原为主，同时广泛分布山地、丘陵和沙漠，地势南高北低，最低处位于银根盆地，海拔为 740 米，最高处位于东缘的贺兰山主峰，海拔 3556 米。贺兰山作为中国内流区、外流区域及年降水量 200 毫米等降水量线的分水岭，对阿拉善的气候、降水和植被分布及生物多样性有着重要的影响。阿拉善盟为典型的温带高原大陆性气候，冬季严寒、干燥，夏季酷热，风沙强烈。全盟太阳辐射量年平均在 627.88 千焦 / 厘米 ^{2} 以上，年平均气温为 8℃ 左右，≥ 0℃ 的积温在 3500 ～ 4280℃·日。全盟年平均降水量为 34 ～ 209 毫米，由南向西北递减，在贺兰山沿山地带降水大于 180 毫米，南部为 150 毫米左右，降水主要集中在 6 ～ 8 月，占全年降水的 58% ～ 71%。全盟年平均蒸发量为 2348 ～ 4203 毫米，远远超过降水量，一些地区的蒸发量可达降水量的 100 多倍。

受地理位置和气候条件的限制，阿拉善草原植被具有明显的区域特征和分布规律。阿拉善草原包括温性荒漠、温性草原化荒漠、温性荒漠草原、山地草甸及低地草甸 5 类、10 个亚型、18 个组、73 个型。温性荒漠是阿拉善草原的主体，面积达 1506.5 万公顷，可利用草原面积为

842.1万公顷，主要分布于腾格里沙漠东缘以西，贺兰山、腾格里沙漠以北的高平原上，土壤多为灰棕漠土、风沙土、盐土，植被组成以旱生、超旱生灌木、半灌木为主，草本植物稀少，植物分布稀疏，主要植物有珍珠、红沙、麻黄、泡泡刺、藏锦鸡儿、霸王、白刺、沙冬青、绵刺、梭梭、沙蒿、沙拐枣、猫头刺、合头藜、盐爪爪、柽柳等。温性草原化荒漠面积居第二位，达170.6万公顷，可利用草原面积为143.2万公顷，主要分布于狼山、罕乌拉山、巴彦乌拉山、雅布赖山以南地区，马鬃山、雅干山海拔1600米以上也有分布，土壤多为灰漠土类，植被结构包含灌木层片和禾本科为主的草本层片，主要植物除了旱生、超旱生的灌木、半灌木外，还有小针茅、短花针茅和无芒隐子草等。温性荒漠草原面积达15.1万公顷，可利用草原面积为12.1万公顷，主要分布于贺兰山、狼山、罕乌拉山海拔1400～2000米以上的山地和桃花山、龙首山海拔2200米以上的山地，土壤多为棕钙土类、山地灰褐土、山地栗钙土亚类，植被组成以旱生丛生禾草和小半灌木为主，主要植物有短花针茅、冷蒿、小针茅、糙隐子草、高山紫菀、华北驼绒藜、狗娃花等。山地草甸面积1440公顷，可利用草原面积为1152公顷，主要分布于贺兰山海拔3000米以上的平缓坡地，土壤多为亚高山草甸土，植被组成以中生草本植物为主，主要植物有高山嵩草、矮嵩草、紫喙薹草、早熟禾、火绒草、委陵菜等。低地草甸面积51.1万公顷，可利用草原面积为31.7万公顷，该类草原属于非地带性隐域植被，主要分布于河滩地和湖盆低地及河流两岸，土壤为风沙土类和盐化草甸土亚类，植被组成以稀疏乔灌木及高大禾草为主，主要植物有芨芨草、芦苇、拂子茅、柽柳和胡杨等。阿拉善草原畜牧业以白绒山羊和骆驼为主且历史悠久，2011 年，"阿拉善白绒山羊"和"阿拉善双峰驼"被中国批准实施农产品地理标志登记保护，阿拉善盟也被誉为"中国驼乡"。

荒漠植物

　　荒漠植物是在干旱、风沙、盐碱、粗犷、贫瘠等荒漠环境条件下生长发育的植物。荒漠植物长期适应荒漠环境，形成了独特的适应特性。

　　◆ **荒漠植物对干旱的适应**

　　荒漠植物最突出的特点是对干旱的适应特征，一种是耐／抗旱机制，另一种是植物的避旱机制。

耐／抗旱机制

　　植物的耐／抗旱机制，这种特性首先表现在同化器官上，有些植物的叶面角质层加厚，气孔密度小而下陷，以减少蒸腾作用，如桉属、沙冬青属等；有些植物叶面具有密的绒毛也可减少蒸腾作用，如蒿属、滨藜属等；有些植物叶面积大大缩小，有的变成细棒状，如驼绒藜属、裸果木属、沙拐枣属等；有些植物近乎无叶，而以绿色枝条或茎干进行光合作用，如麻黄属、梭梭属。

　　有些植物以落叶度过干旱高温季节，如麻风树属。通过夏季半休眠、冬季脱落枝条末梢度过旱热夏季和严寒冬季的植物有梭梭属、猪毛菜属等的一些种。高山、高原区，因高寒风大加剧了干旱，一些荒漠植物于冬季落枝特别显著，形成垫状小半灌木，如亚菊属、棘豆属、蒿属的一些种。一些植物的茎或同化枝内具储水组织细胞，这些细胞在外界水分状况良好时，可以充分吸收水分储存起来，供周围细胞在植物缺水时使用，如仙人掌科、大戟科、龙舌兰科的一些种。

避旱机制

植物的避旱机制，也就是植物能够逃避干旱环境或者干旱时期，在干旱时期处于休眠状态或其种子不萌发，或者表现在植物对水分条件较好的小生境的趋向性，或者在水分和温度条件适宜的春季或在雨季短时间内迅速完成生活史（即短命植物或短生植物），它们都是草本植物，形态、结构上无旱生特征，主要是禾本科、莎草科、十字花科、百合科、伞形科的一些种，种类相当丰富。荒漠中也有苔藓、地衣等隐花植物，在缺水时能干缩成蜡叶标本状，一旦遇水很快就恢复生机。

◆ 荒漠植物对盐渍化的适应

盐渍化作为荒漠环境的另一大特点，限制着植物的生长发育，荒漠植物在适应盐渍化方面同样也有特殊适应策略。

避／拒盐策略

避／拒盐策略，表现在植物根系不吸收盐分或者吸收后贮存在根部而不运输到上部，或者仅仅运输一部分，从而降低整体或地上部分的盐离子浓度，免遭离子伤害。

稀／聚盐作用

荒漠植物对盐渍化的适应是植物具有稀／聚盐作用。植物稀盐的策略往往伴有植物器官形态的肉质化，来辅助其完成。其作用是通过叶片或茎等器官的薄壁细胞大量增加，以吸收和储存大量水分，使体内的盐分得到稀释，保持体内盐分含量的相对恒定。

泌盐机制

荒漠植物还有一种对盐渍环境的适应策略就是泌盐机制，通过叶片或茎部的表皮细胞分化而成的盐腺将胞内盐分分泌到胞外。

◆ **荒漠植物的根系特性**

荒漠植物的根系具有耐旱、逐水的特性，许多植物根系的深度、幅度比地上部分的高度、幅度大几倍至几十倍。还有许多植物具有两层根系，可充分利用不同深度土壤层的水分，以保证植物在干旱期的水分需求。荒漠植物多数为菌根植物，通过菌根来适应荒漠养分的贫瘠，甚至有些植物通过根瘤来适应土壤养分的贫瘠。为了适应荒漠地区的环境，荒漠中许多植物靠种子繁殖，而有些植物如红砂属、假木贼属、霸王属的一些种，其茎干可从上到下分裂成几个部分，然后各部分形成独立的植株，以保证植物繁衍。

沙生植物

沙生植物是具有耐风沙形态特征、解剖结构和生理生态特点，耐风蚀、沙埋、风沙流和地表高温，在流动、半流动沙丘沙地能够正常生长的植物。沙生植物指生活在以沙粒为基质的植物。由于长期生活在风沙大、雨水少、冷热多变的气候条件下，生有一些奇特的形态。

◆ **基本特征**

沙生植物多为灌木、半灌木和草本植物。基本特征为：①叶片。沙生植物多为硬质叶片或肉质叶片，叶片一般都较小，多呈披针形、圆柱形、条形、针形、多裂形和全裂形，叶片多覆盖一层茸毛，或覆盖一层灰色蜡质，能够有效反射光照，降低叶面温度。多数沙生植物叶片栅栏组织发达，海绵组织退化，气孔下陷；机械组织发达，能够适应狂风的袭击；输导组织发达，能以较快速度将水分和养料输送到急需器官；细胞通常具有较高的渗透压，吸水能力和保水能力强。一些植物的根和叶片中存在结晶或结晶簇，一些根茎型禾本科植物根尖部还存在特殊的根套。②根系。在受到沙埋侵害后，一些多年生沙生植物枝条匍匐生长，并长出不定根，逐步形成新的植株。主根扎得深，侧根铺得广，而地上部分则大大缩小。根通常不深，侧根强烈发育，向外延伸可达十几米远，这种强烈发育的侧根可以起到固定作用，并且可以充分吸收近地面水分。许多沙生植物的根上具有沙套，可以保护植物的根免受灼伤、干燥及沙粒的机械损伤。草本植物以直根型和根茎型植物为主，须根系植物少。③生长期。多数沙生植物都是一年生植物，生长期短。种子小，但繁殖系数高，一些植物种子还具有胶质物质，遇水后黏结沙粒，并能够迅速萌发。多数一年生沙生植物能够在雨季快速萌发生长，在干旱来临前结束生活史。多年生沙生植物，或以木质化茎干忍耐风沙危害，或以地下芽形式躲避风沙危害。

◆ 类型及其特点

根据沙生植物喜欢或耐风沙能力的差别，可将沙生植物分为避沙植物、耐风沙植物和喜沙植物。

避沙植物

能够通过躲避风蚀、沙埋、沙打等风沙危害而正常生长于流动半流动沙地中的一类沙生植物。避沙植物多为一年生植物，而且大多数为短命植物。这些植物多在雨季来临时萌发，在土壤潮湿时迅速生长，并在雨季结束前完成生活史；甚至还可以充分利用一次有效降水迅速萌发，在土壤干燥之前的 2～3 周完成生活史。雨季风沙活动弱，对植物危害少或轻；而在风沙活动强烈的旱季或风季，这些植物通常以种子形式来抵御风沙活动危害。在沙地植被的演替过程中，这类植物大多属于演替早期的先锋植物。

耐风沙植物

种类最多的一类沙生植物，大多数多年生沙生植物都属于耐风沙植物。其特点是在风蚀和风沙流活动强烈的风沙环境中能够正常生长，或受影响较小。较为耐旱，绝大多数属于旱生或超旱生植物，但耐沙埋能力较差，沙埋对其生长影响明显，因此在流动、半流动沙丘沙地生长不良，主要分布于固定半固定沙丘沙地，另外在积沙戈壁也有零星生长。

喜沙植物

耐受风沙能力较强并喜欢适度沙埋，在适度沙埋情况下生长更为旺盛的一类沙生植物。喜沙植物多为旱生或中旱生植物，且绝大部分为多年生草本和半灌木，乔木和一年生草本植物很少。有些喜沙灌木或多年生草本喜沙植物茎干直立或铺散于地面，被沙埋后枝条能够产生不定根，并萌出新的枝叶覆盖于沙子的表面，形成较为低矮的灌丛沙堆。大多数喜沙植物不怕风沙流击打磨蚀，也不怕土壤侵蚀，但在缺少沙埋或沙丘趋于固定后，反而长势减弱，趋于衰退直至死亡。喜沙植物是一类真正的沙生植物。

旱生植物

旱生植物是在干旱环境中，经过长期自然选择和适应，在形态、解剖结构和生理代谢等方面已具有一系列特殊耐旱特征，能够在大气和土壤长期干旱条件下维持体内正常水分平衡，保持正常生长发育和繁衍的一类植物。旱生植物是适宜在干旱生境下生长，可耐受较长期或较严重干旱的植物，并逐渐演化出各种各样的形态和结构来适应所生长的环境。

◆ 形态特征

旱生植物的形态特征，可从根部、茎部和叶部三个方面表现出来。

根部

旱生植物的根部周皮组织发达。①木栓层细胞壁木栓化程度高，因而可以在夏季防止根部被地面高温灼伤，也可防止根部向沙层反渗透失水。根内皮层细胞壁较厚，凯氏带宽，一些植物的凯氏带甚至可以完全包围内皮层细胞的径向壁和横向壁。②周皮内侧为薄壁组织细胞，在薄壁组织内层为纤维层。在薄壁组织中，分布有一定的厚壁组织，一些植物还分布有石细胞或黏液细胞，有的则含有大型贮水细胞。③木质部的导管间具有发达的木纤维，木薄壁组织细胞的壁高度木质化。④一些植物根中除正常维管柱外，其周围还具有发达的异常次生维管组织。一些旱生植物往往形成分离的维管柱。这是木栓层的形成，或维管束之间皮层薄壁细胞坏死，隔开了维管组织的结果。

茎部

旱生植物茎部特征分为形态特征和剖面特征。

形态特征

茎部形态特征包括：①大多数旱生植物外部形状为圆柱形茎，也有一些植物茎干为方形、四棱形或六棱形，或茎干上具有丛棱状突起。茎干上的棱形凸起具有散热功能，能够降低植物茎干温度。②茎干主要有淡红色、黄褐色、褐色、紫红色、白色和灰白色，其中褐色和紫红色具有抵抗热辐射的功能。茎干上通常都被一些附属物覆盖，例如茸毛、锐刺、蜡状物、白色粉粒和硬刺等，可以起到防冻、散热和抑制茎蒸腾的作用。

剖面特征

茎部剖面特征包括：①旱生植物茎中的皮层要比中生植物宽或厚，皮层和中柱的比率大。这种构造是一种适应机制，对于植物防止阳光高温灼伤，使维管组织免受干旱，而且对养分和能量传输具有重要意义。②夏季干旱时，一些旱生植物的皮层会逐渐剥落，而在韧皮部薄壁细胞中产生出木栓层，保护内部的维管组织。在具有光合功能的同化枝中，皮层由多层栅栏层组成，内层由能够贮水的薄壁细胞或含有黏液的薄壁细胞组成，一些植物皮层中分布有厚壁细胞或厚壁细胞团。旱生植物轴器官中普遍具有发达的机械组织，维管柱周围普遍存在厚壁组织，部分植物具有韧皮纤维。木质部中导管分布频率高，导管孔径大，木纤维发达，木薄壁组织细胞的壁强烈木质化和增厚，从而保证了输导的安全性。③许多旱生植物具有木间木栓结构，这种结构位于次生木质部内，形成木柱带或木间木栓环，可以把水分限制在狭窄的木质部区域内向上运输，从而减少水分丧失。④旱生植物茎的表皮细胞较大，外壁角质化。皮层细胞较小，排列紧密，切向壁增厚。最内为 2 ~ 3 层贮水薄壁细胞，近圆形，大小不等。髓部发达，均由大型贮水薄壁细胞组成。很多旱生植物茎干或枝条中存在黏液细胞，这些细胞中的胶体物质或黏液物质具有保水能力，从而为其周围细胞提供一个较湿的小环境。

叶部

旱生植物叶部特征分为外部特征、组织特征和细胞特征。

外部特征

旱生植物叶片一般较小，多数为小型叶或微型叶，叶片生物量在植株总生物量中的比例很低，且随着植物旱生性增加，其平均叶面积趋于下降。具有特殊形态的叶片，如刺状、针状、圆柱状、锥形、三角形叶、全裂状叶、鳞状叶、膜质鞘状叶等，这些形状叶片可以有效减少蒸腾。为适应干旱高温环境，减少蒸腾，降低叶片温度，旱生植物叶片常覆被茸毛、硬毛、尖刺、蜡质、粉粒等附生物。叶片有绿色、红色、灰色、银色等多种颜色，以灰色和绿色叶片为主，但肉质旱生植物叶片多呈深绿色。

组织特征

组织特征有：①旱生植物叶片栅栏组织发达，排列紧密。一些植物叶片背面都有较厚的栅栏组织，甚至为全栅型或环栅型叶片。其栅栏组织多由 2 ~ 4 层栅栏细胞组成，栅栏细胞多向外突起，外壁或着生较厚角质层，或覆被蜡质、粉粒和纤细茸毛，能够起到散热、隔水、保水和减少蒸发的作用。②旱生植物栅栏组织厚度与海绵组织厚度的比值大，海绵组织退化。叶片的栅栏组织内多为一层维管组织，由维管束鞘细胞组成，维管束分布其中；再向内是发达的贮水组织，由薄壁细胞组成。一些多浆植物或肉质植物叶片较为肥厚，贮水组织发达。贮水组织多处于栅栏组织内，其外部多为黏液细胞，内部为薄壁细胞，中间有时还分布一些较小的维管束。③许多旱生植物叶片两面均有气孔，有些甚至叶片正面气孔很少，或没有气孔。其气孔主要分布于叶片的背面，且靠近叶柄的叶片底部。气孔密度通常较小，多呈下陷状，呈簇状分布，但具有较大的孔下室。还有一些旱生植物气孔深入表皮内，可形成下陷的气孔窝，窝内或沟内覆盖有表皮毛，因而气孔扩散阻力强，可有效减少光线辐射、水分散失和抑制水分蒸腾。

细胞特征

细胞特征包括：①旱生植物叶片表皮细胞外壁多被不同厚度的角质膜及发达的毛状体或粉状物覆盖。一些植物叶片角质化层具有纤维素及果胶质通道，这种结构可以抑制水分蒸发。部分植物叶片表皮细胞肥大，具有储水作用。还有一些植物叶表皮上有泡状细胞，能使叶片在水分不足时发生卷曲，以减少蒸腾。②一些肉质植物叶内含有大型薄壁储水细胞，这些薄壁细胞有一层薄薄的细胞质膜衬在细胞壁内，中间具有大液泡，渗透压较高，甚至具有黏液，或可看到散生的叶绿体；有些薄壁细胞还含有晶体；还有一些植物叶片细胞或胞间含有树脂或单宁，或其他一些胶体物质，这些物质的主要作用是阻碍水分的流动。③旱生植物的气孔保卫细胞外多覆盖一层较厚角质层，有些外部形成突起状角质唇状物；副卫细胞近半圆形、半椭圆形或条形。气孔保卫细胞壁加厚或存在较厚的角质层，既有利于细胞的张合调节，也可防止干旱炎热气候对细胞的灼伤。

◆ 主要分类

旱生植物都可耐受较长期或较严重干旱的植物。一种分类方法是按照植物的耐旱能力分类，另一种分类方法是按照植物的解剖结构和生理特点分类。

根据植物耐旱能力分类

根据旱生植物的耐旱能力，可将旱生植物分为超旱生植物、强旱生植物、典型旱生植物和中旱生植物等，这些植物的分布范围和耐旱特性存在较大差异。

超旱生植物

超旱生植物多为灌木或小灌木，植株低矮，具有极为发达的根系和多种适应干旱机制，较其他旱生植物更加耐旱，是抗旱性最强的一类旱生植物。这类植物具有旱生植物所有的外部形态特征和解剖特征，其叶片更小，多数叶面积不超过 1 平方厘米。甚至一些植物的叶片完全退化，主要利用绿色茎进行光合作用。

强旱生植物

强旱生植物是旱生植物中耐旱性很强的一类植物，主要分布于年降水量 150 ～ 250 毫米的干旱地区，也是旱生植物种类最多的一类植物。这类植物的共同特点是叶表面积和体积的比值比较低，叶表面或长有茸毛，或覆盖蜡质，或具较厚角质层，叶肉排列紧密，栅栏组织和输导组织发达，气孔下陷。一些植物具有肉质化叶片，叶片中含有大量贮水组织和薄壁细胞。茎中皮层和中柱的比率大，维管束紧密，髓窄小。根系分布范围广，或根系很深。

典型旱生植物

典型旱生植物是旱生植物中耐旱性中等的一类植物，主要分布于年降水量 250 ~ 350 毫米的半干旱地区，是典型草原和半干旱沙地中的优势植物。这类植物的特点是叶面积小，叶片内卷，气孔下陷，机械组织和保护组织完善，根系发达，根量大于地上生物量。

中旱生植物

旱生植物中耐旱性最差的一类植物，主要分布于年降水量 350 ~ 500 毫米的半干旱地区，是沙漠绿洲低湿地或草甸草原的优势植物。这类植物抗旱性较弱，叶片旱生形态结构和解剖结构不如其他旱生植物明显，但栅栏组织和输导组织仍很发达，根系分布范围小，能够忍耐大气干旱，但耐受土壤干旱的能力较弱。

按植物的解剖结构和生理特点分类

根据植物叶片的大小或质地，可将旱生植物分为肉质旱生植物、硬叶旱生植物、软叶旱生植物和小叶或无叶旱生植物等，各类植物特征有很大差别。

肉质旱生植物

肉质旱生植物的茎和叶肉质化，利用体内大量薄壁组织和细胞储存水分。有些肉质植物叶片退化呈长棒形、披针形，具有相对较低的面积 / 体积比、加厚角质层、气孔凹陷等特点，通过减少失水数量来适应严重干旱。肉质旱生植物最独特的适应方式是具有特殊的光合作用机制，夜间气孔开放，二氧化碳进入体内形成苹果酸存贮于细胞液里；白天有光照时，气孔反而紧闭防止水分逸散，苹果酸被运到质体内放出二氧化碳参加光合作用。这类植物主要分布于干燥温暖并有固定雨季的干旱荒漠环境中，或地下水位较浅的盐渍化土地之中。这类植物一般生长缓慢。

硬叶旱生植物

硬叶旱生植物具有典型的旱生结构，但未肉质化。①机械组织发达或角质层较厚，在失水较多时能够防止叶片皱缩发生破裂。②根系庞大，能够更好地吸取土壤水分或从深层地下水中汲取水分。③蒸腾能力强，在干旱环境中能持续开放气孔进行光合作用，并促进根部吸水。硬叶旱生植物忍受脱水的能力是旱生植物中最强的，但总体适旱能力并不是很强。通常多生长于地下水较浅的干旱地区，或沙漠绿洲区或半干旱沙漠地区。

软叶旱生植物

软叶旱生植物虽然叶片有不同程度的旱生结构，但质地柔软，与中生植物的叶片相似。在土壤水分较多的季节中，其蒸腾作用甚至超过中生植物；在缺水季节，则常以落叶来适应干旱。大多数禾本科的旱生植物都属于软叶旱生植物。

小叶或无叶旱生植物

植物叶片很小，叶面积通常不超过 1 平方厘米，或叶片完全退化，以绿色茎进行光合作用。这类植物是旱生植物中抗旱能力最强的一类植物，常被称作超旱生植物。广泛分布在干旱地区（比如中国西北地区），且在条件好的生境中其盖度可达 10%。

先锋植物

先锋植物是最先侵入没有任何植物生长的贫瘠之地的植物种。先锋植物有狭义和广义之分。狭义先锋植物仅指原先没有任何植物的裸沙、裸岩等地最先侵入的植物，广义先锋植物则还包括受到洪水、火烧、耕作等破坏后的地区最先出现的植物。先锋植物是生态系统演替的初始物种。它们启动了一个新的生态系统，或在原有生态系统被破坏之后，重新创建了一个新的生态系统。通常是一年生植物，当多年生植物侵入后先锋植物就会消失，因而先锋植物的出现就意味着一个生态系统演替的开始。

最小的和最具顽强生命力的植物最有可能是先锋物种，因为它们繁殖快，适应性强。多数生境中最早出现的先锋植物主要为地衣和苔藓，这些植物对恶劣的原始环境具有很强的适应性，其死亡后还能够增加土壤养分，从而促进其他植物的生长。在地衣、苔藓之后出现的其他先锋植物，因生境类型不同而有很大差异。例如，流动沙漠中多为草本植物，而岩石裂隙则可能是小型短命禾草和灌木。

先锋植物可以分为沙生先锋植物、旱生先锋植物、岩生先锋植物等类型。①沙生先锋植物。是流动沙漠最早侵入的种子植物，早期多为一年生草本植物，后续会逐步出现多年生先锋植物，其特点是根系发达、抗风沙、耐瘠薄。②旱生先锋植物。多出现于干旱区的山地荒漠或戈壁滩，具有较强的耐旱和耐贫瘠特点。③岩生先锋植物。指最早生长在岩石缝隙间及岩石上的植物，其植株低矮、株形紧密、根系发达、抗性强、生长缓慢、生活期长。

沙漠短命植物

沙漠短命植物是在沙漠环境中，能够利用雨季短暂有效降水或季节性冰雪融水，在干旱期到来之前迅速完成从萌发、生长、开花、结果生活周期的植物。又称短营养期植物。沙漠短命植物在夏季干热季节来临之前迅速完成生活周期，随后整个植株或地上部分干枯死亡，以种子或地下器官休眠度过对植物生长不利的季节，来年春季再由种子或地下器官形成新的个体。包括一年生短命植物和多年生类短命植物。其主要特征为：①寿命短，生长速度快。寿命通常只有2～3个月，有些甚至只有1～2个月，因而不仅生长速度很快，而且凋萎枯黄迅速，呈现繁花似锦、昙花一现的沙漠特殊景观。②植株矮小。植株通常非常矮小，或非常瘦弱，单株生物量很低。有些植物株高在达到5～6厘米时，即开花结果。有些植物高度只有2～5厘米即可完成生活史，百株干重只有2～5克。③根系较浅。由于其生长发育只是利用短暂有效降水或雪融水，无须将根系扎入深层土层获取水分，因而根系分化简单，不发达，通常只分布在10～20厘米的土层。④具有较强的繁殖率。大多数靠种子繁殖，具有极强的繁殖率，属于一年生植物。其种子具有较长寿命，可在持续多年无降水情况下存活下来，直至下一次降水来临。⑤生命周期可塑性。当水热环境有利时，其生活史可延长至整个生长季，类同于普通一年生植物；而环境不利时，也可在最短时间内完成生活史。⑥没有特殊的耐旱性或耐旱结构。大多数为中生植物，没有特殊的耐旱性或耐旱结构。其茎叶表皮主要由单层细胞组成，无角质层或角质层很薄、多数无毛、气孔不下陷，多数种的输导组织不发达，但根茎髓部有大型和特大型薄壁细胞，从而有利于吸收土壤的水分。

仙人掌科

仙人掌科是被子植物真双子叶植物石竹目的一科。本科约有 110 属，近 2000 种，分布于美洲热带至温带地区，丝苇（又称垂枝绿珊瑚）的 6 亚种间断和替代分布于热带美洲、热带非洲和印度洋热带岛屿。生长于海滨至 3000 米沙漠及干旱山区，量天尺属和昙花属等为热带森林中的附生植物。大部分属种被广泛引种栽培。中国引种 60 余属 600 多种，其中 4 属 7 种在南部及西南部归化。

仙人掌科包括多年生草本、灌木或乔木。根系通常浅而广展，少数种具块根。茎通常肉质，圆柱状、球状、侧扁或叶状；常具节，节间具棱、角、瘤突或平坦，具水汁或黏液，稀具乳汁；小窠（又称刺座）螺旋状散生，或沿棱、角或瘤突着生，常有芽鳞变态形成的刺，少数无刺，分枝和花均从小窠发出。叶扁平或圆柱状、钻形至圆锥状，互生，或完全退化，无托叶。花通常无梗，单生，稀具梗并组成总状、聚伞状或圆锥状花序，两性花，稀单性花，辐射对称或左右对称；花托通常与子房合生，并向上延伸成花托筒；花被片多数，螺旋状贴生于花托或花托筒上部，外轮萼片状，内轮花瓣状，或无明显分化；雄蕊多数，螺旋状或排成 2 列；花药基部着生，2 药室平行，纵裂。雌蕊由（2）3 至多数心皮合生而成；子房通常下位，稀半下位或上位（木麒麟属），多为侧膜胎座，稀为基底胎座或悬垂胎座；胚珠多数至少数，弯生至倒生；花柱

1，顶生；柱头裂片（2）3至多数。浆果肉质，稀干燥或开裂。种子多数，稀少数至单生；胚通常弯曲，稀直伸；胚乳存在或缺失；子叶叶状扁平至圆锥状。染色体基数 $x = 11$。

本科属于石竹目中形态特化的类群，与马达加斯加产的刺戟木科关系密切，仙人掌科的一些种的茎可以嫁接刺戟木科植物上。仙人掌科有多个分类系统，分为30～233（或更多）属，多数人承认约110属，隶属3个亚科：①木麒麟亚科，常见的有木麒麟属。②仙人掌亚科，常见的有仙人掌属。③仙人柱亚科，包括各类仙人柱、仙人球，以及量天尺属、昙花属和仙人指属等。

本科植物外形奇特，可供观赏，花色艳丽的花通常在白天开放，由蜂鸟和昆虫传粉，白色的花（如昙花等）于夜间开放，吸引夜蛾和蝙蝠传粉。一些乔灌木在热带地区常植作围篱。木麒麟属、仙人掌属、仙人柱属、龙神柱属和量天尺属多数种的浆果可供生食。木麒麟的叶和量天尺的花可作蔬菜，金赤龙的茎去皮和刺后可加工成果脯。仙人掌科植物通过景天酸代谢（CAM）途径积累多种有机酸，有些类群含异喹啉型生物碱、三萜皂苷等，可药用。乌羽玉及仙人球属的一些种含致幻生物碱墨斯卡林。胭脂掌和梨果仙人掌的植株可放养胭脂虫，生产天然洋红染料。

白刺科

白刺科是被子植物真双子叶植物无患子目的一科。从撒哈拉沙漠以北的非洲及欧洲地中海沿岸，直到西伯利亚和中国西北的荒漠地区均有分布，澳大利亚西南也分布有部分种类。中国主要分布在西北和北方部分地区，生于盐渍化沙地；西北地区是白刺属的现代分布和分化中心。

落叶灌木，或多年生草本。枝先端常成硬针刺，或叶片尖端硬化成刺。叶条形、线形至倒卵形，或分裂为条状裂片；质厚、肉质、全缘或顶端齿裂；托叶小。花单生，或聚伞花序顶生或腋生，蝎尾状；花白色或黄绿色；萼片 5，花瓣 5；雄蕊 10 ～ 15；子房上位，3 室，每室有胚珠 1 至多枚。蒴果或核果浆果状，外果皮薄，中果皮肉质多浆，内果皮骨质。

本科的分类地位在经典的分类系统中不一致。如在塔赫他间系统中，白刺属被提升为白刺科，骆驼蓬属和红茄蓬属是骆驼蓬科的成员，沙盘蓬属则被移至芸香科，后又提升为沙盘蓬科；而克朗奎斯特系统将上述 4 个属均放置在蒺藜科、无患子目。根据分子生物学的证据，APG 系统将这 4 个属组合成白刺科，置于无患子目；同时也指出，它们在形态学等方面差异较大，值得进一步研究。本科共 4 属，约 20 种。中国有 2 属，约 11 种。

白刺属植物是中国内蒙古、甘肃和新疆一带荒漠植被的重要建群种之一，为耐干旱、耐盐碱、抗风蚀沙埋、生长快、易繁殖的优良防风固沙先锋植物，是中国西北干旱地区宝贵的荒漠植物资源，特别是在沙漠地区为优良固沙植物。从其果实、叶片、幼枝、种子等提取的黄酮类化合物具有重要的药用价值。如大白刺的果实酸甜适口，富含多糖、生物碱、黄酮、维生素及多种矿物质等化学成分，可作饮料；亦入药治胃病；其枝、叶、果可作家畜饲料。白刺枝条平铺地面，积沙成丘，为优良固沙植物。

骆驼蓬

骆驼蓬是被子植物真双子叶植物无患子目白刺科骆驼蓬属的一种。因新鲜枝叶有一种类似骆驼发出的特殊气味而得名。分布范围从中国西北部经蒙古、哈萨克斯坦等中亚各国向西一直延伸到非洲北部。中国分布于甘肃、河北、山西、内蒙古、宁夏、青海和新疆等省区。习生于干旱草地、盐碱化荒地、沙质或黄土质山坡。

多年生草本;高30～70厘米,分枝多,铺地散生,无毛。根多数,粗达2厘米。叶互生,3～5全裂,裂片条状披针形,长3厘米,托叶条形。花单生,常与叶对生,两性,萼片5,披针形,有时顶端分裂,长2厘米,花瓣5,倒卵状矩圆形,长1.5～2厘米,雄蕊15,子房3室,花柱3。蒴果近球形,褐色,熟时3瓣裂。种子三棱形,黑褐色。花期5～6月,果期7～9月。

全草入药,祛湿解毒、活血止痛,亦有抗癌之功效。种子可作红色染料,种子油供轻工业用。为牧草植物。鲜草牲畜不食,干草可喂羊。

柽　柳

柽柳是柽柳科柽柳属树种。喜光、耐旱、耐水湿、耐盐碱、不耐遮阴,是重要薪炭材、防风固沙、盐碱地治理的树种。喜生于河流冲积平原、海滨、滩头、潮湿盐碱地和沙荒地。中国适生分布区为海河流域、黄河中下游及淮河流域的平原、沙丘间地和盐碱化地,在华北至西北地区集中带状分布。落叶小乔木或灌木。幼枝常开展而下垂。叶披针形,半贴生,背面有龙骨状突起。一年三季开花,花期4～9月。蒴果圆锥形，种子细小，顶端有束毛。

　　柽柳是重要的防风固沙、水土保持、盐碱地治理、薪炭林造林树种；是较好的抗污染树种，对大气 SO_2、铅及氯污染有较强抗性。柽柳宜栽植、耐修剪，可做绿篱、盆景、造景用。根是管花肉苁蓉的专性寄主。树皮可提制栲胶。萌条枝可编制工具。枝叶、花均可入药。

胡　杨

　　胡杨是双子叶植物纲金虎尾目杨柳科杨属一种，又称胡桐。树龄200 年以上。胡杨原产于中亚、中东、北非及中国西北部。在世界上，胡杨的主要分布区在中亚、西亚以及北非。中国西北部干旱荒漠地区有分布，主要在新疆、甘肃、青海、内蒙古（西北部）等省区，其中胡杨天然林主要集中在南疆塔里木盆地。

　　乔木，高 10～15 米，稀灌木状。树皮淡灰褐色，下部条裂；萌枝细，圆形。芽椭圆形，光滑，褐色，长约 1 毫米。由期和萌枝叶披针形或线状披针形，全缘或不规则的疏波状齿牙缘；成年树小枝泥黄色，枝内富含盐分，嘴咬有咸味。叶形多变化，卵圆形、卵圆状披针形、三角状卵圆形或肾形，先端有粗齿牙，基部楔形、阔楔形、圆形或截形，有 2 腺点；叶两面同色；叶柄微扁，约与叶片等长，萌枝叶柄极短，长仅 1 厘米。雄花序长 2～3 厘米，轴有短绒毛，雄蕊 15～25，花药紫红色，花盘膜质，边缘有不规则牙齿；苞片略呈菱形，长约 3 毫米，上部有疏牙齿；雌花序长约 2.5 厘米，子房长卵形，被短绒毛或无毛，子房柄约与子房等长，柱头 3，2 浅裂，鲜红或淡黄绿色。果序长达 9 厘米，蒴果长卵圆形，长 10 ～ 12 毫米，2 ～ 3 瓣裂。花期 5 月，果期 7 ～ 8 月。

胡杨是生长在荒漠地区的长寿树种，对干旱气候有很强的适应性，其习性主要表现在以下几个方面：①喜光，胡杨是荒漠河滩裸地上成林的先锋树种，幼树在郁闭的林下生长不良。②喜温耐寒耐高温，胡杨分布范围的年平均气温在 5 ～ 13℃，可耐受 -35℃ 的极端低温和 40℃ 的极端高温，能够适应 ≥ 10℃ 年积温在 2000 ～ 4500℃·日的温带荒漠气候，在年积温 4000℃·日以上的暖温带生长最为旺盛。③耐盐碱，胡杨是一种泌盐植物，植株含盐量很高。在土壤含盐量为 2% 以下时胡杨能正常生长，2% ～ 3.5% 时生长较好，3.5% ～ 5% 时生长受到抑制。④喜湿润、耐大气丁旱，胡杨侧根发达，主要依靠侧根吸收土壤水分；叶厚，革质，表面有蜡质覆盖，小枝具蜡质且有短毛，这些性状有利于减少植株水分的散失。⑤耐风沙、耐腐蚀，胡杨的侧根发达而庞大，加之树干短粗，树冠稀疏，不容易被风吹倒；胡杨树皮较厚，木材耐腐蚀能力强，因此在新疆有着胡杨"千年不死，死后千年不倒，倒后千年不朽"的说法。

胡杨主要作为防护林、用材林树种。胡杨的木质坚硬耐腐，可用作建筑和家具用材；树叶富含蛋白质，营养丰富，可做饲料使用；木材纤维长，是优良的造纸原料。

梭 梭

梭梭是苋科梭梭属植物。中国西北和内蒙古干旱荒漠地区重要的固沙造林树种。最初由俄国植物学家 C.A.von 梅耶于 1829 年发表，并归入假木贼属。1851 年，德国植物学家 A. 班格将其组合到梭梭属。主产于中国宁夏、甘肃、青海、新疆、内蒙古等地，大致在北纬 36°～48°、东经 60°～111° 的干旱沙漠地带。中亚和俄罗斯西伯利亚也有分布。

小乔木，高 3～6 米，地径可达 50 厘米。树皮灰白色，树冠稠密；老枝灰褐或淡黄褐色；当年枝浓绿色，节间较短，长 4～12 毫米，较粗壮，径 1.5 毫米。叶鳞片状。花着生于 2 年生枝的侧生短枝上，花被片矩圆形，翅状附属物肾形至近圆形。胞果黄褐色。种子暗黑色，较小，径 2.5 毫米；胚盘旋成陀螺状，暗绿色。花期 5～7 月，果期 9～10 月。

为典型荒漠树种，生态幅度较宽，适极端干旱的大陆性气候。研究表明，其生态各主要气候因子的阈值分别为年降水量 15.0～114.5 毫米、最湿季降水量 8.0～59.5 毫米、平均气温 -12.7～29.2℃；最干季平均温度 -33.3～35.9℃。其分布区年蒸发量 2550～3500 毫米，相对湿度 10%～30%。为强阳性树种，其嫩枝肉质化，细胞液黏滞度大，木质部发达，能耐 43℃ 气温、60～70℃ 地表温度，亦可耐 -42℃ 的低温。

树干材质坚硬，含水量少，为优质薪炭材。嫩枝无毒，是骆驼和羊的饲料。寄主肉苁蓉具有很高的药用价值。

按克朗奎斯特分类系统（美国植物学家 A. 克朗奎斯特提出），梭梭属为藜科植物，属于石竹亚纲石竹目。按 APG-Ⅳ（Angiosperm Phylogeny Group Ⅳ）分类系统（由被子植物系统发育研究组建立的被子植物分类系统第四版），梭梭属为苋科植物，属于超菊类植物中的石竹目。《中国珍稀濒危保护植物名录》列为濒危三级保护。

霸　王

　　霸王是蒺藜科驼蹄瓣属超旱生小灌木，根系发达，主根粗壮，入土深度达 50 ～ 70 厘米以下。株高 50 ～ 120 厘米。枝舒展，呈"之"字形弯曲。皮淡灰色，木质部黄色，先端具刺尖，坚硬。叶在老枝上簇生，幼枝上对生；叶柄长 8 ～ 25 毫米；小叶 1 对，长匙形，狭矩圆形或条形，长 8 ～ 24 毫米，宽 2 ～ 5 毫米，先端圆钝，基部渐狭，肉质。花生于老枝叶腋；萼片 4，倒卵形，绿色，长 4 ～ 7 毫米；花瓣 4，倒卵形或近圆形，淡黄色，长 8 ～ 11 毫米；雄蕊 8，长于花瓣。蒴果近球形，长 18 ～ 40 毫米，翅宽 5 ～ 9 毫米，常 3 室，每室常 1 种子。种子肾形，黑褐色，长 8 ～ 9 毫米，宽约 3 毫米，千粒重为 16 ～ 18 克。返青较早，4 月初芽开始萌动，4 月中旬伴随着小叶萌动花芽开始萌发，花期可延续到 4 月末或 5 月初，6 ～ 7 月果实成熟，8 月果实脱落，秋霜后叶片脱落较快，属于荒漠地区首批落叶灌木。

　　广泛分布于亚洲中部荒漠区，是中国内蒙古西部、甘肃西部、宁夏西部、新疆、青海、西藏等干旱荒漠区灌丛植被的主要优势种和建群种。

　　物候节律与当年降水量关系不大，与前一年度的降水量相关。生长区域的年平均降水量 50 ～ 150 毫米，年温 ≥ 10℃ 的活动积温 3000 ～ 4000℃·日。常生长于沙砾质、沙质荒漠等贫瘠土壤和盐渍化较重的严酷环境，抗逆性强，生态可塑性大，是优良的水土保持和防风固沙植物。霸王为中等饲用植物，骆驼、羊和兔子喜食幼嫩，其根可入药，老枝可作燃料。

经人工驯化栽培的霸王成株可高达 180 厘米左右；单株种子重和千粒种子重在相同年份较野生条件下可分别提高 57% 和 34%。种植第三年开始正常开花结实，在甘肃河西地区，结实后年产种子产量可达 800 千克 / 公顷左右。

芨芨草

芨芨草是禾本科芨芨草属多年生草本植物，又称积机草、席萁草、棘棘草。多分布于欧亚温寒带地区；中国分布于西北、东北各省及内蒙古、山西、河北、四川西部、青藏高原东部等地区。生态可塑性广泛，在较低湿的碱性平原以至高达 5000 米的青藏高原上，从干草原带一直到荒漠区，均有芨芨草草甸分布，但不进入林缘草甸。在复杂的生境条件下，可组成有各种伴生种的草地类型。

秆丛生，高 0.5 ～ 2.5 米。须根具砂套。叶片坚韧，卷折。圆锥花序开展，长 40 ～ 60 厘米；小穗长 4.5 ～ 6.5 毫米（芒不计），灰绿或带紫色，含 1 小花；外稃厚纸质，长 4 ～ 5 毫米，背部密生柔毛，顶端 2 裂齿；基盘钝圆，有柔毛；芒自外稃齿间伸出，直立或微曲，但不扭转，长 5 ～ 10 毫米；内稃 2 脉而无脊，脉间具毛，成熟时多少裸露。花果期 6 ～ 9 月。

喜夏季凉爽、干燥、阳光充足的气候，根系强大，耐旱、耐寒，耐盐碱，是盐化草甸的重要建群种，适应黏土以至砂壤土。其分布与地下水位较高、土壤轻度盐渍化有关，地下水位低或盐渍化严重的地区不宜生长。是牧区寻找水源、打井的指示植物。

芨芨草对土壤条件要求不高，耐粗放管理，种子发芽率低，多以分株法繁殖。分株移栽宜在早春、晚秋进行，分株时需要剪去多余的茎秆和叶片。

作为观赏植物应用时，芨芨草适宜单株种植，或丛植与其他植物组成花境，也可成片种植作背景。其株丛庞大，茎叶繁密，花序开展，绿期长，具有很高的观赏价值。也可在防止土壤侵蚀、生态恢复以及景观生态方面应用。早春幼嫩时，为牲畜的重要饲料；秆叶供造纸及人造丝；又可改良碱地，保护渠道，保持水土。

中间锦鸡儿

中间锦鸡儿是豆科锦鸡儿属灌木，根系发达，高 70～150 厘米，最高可达 2 米。树皮黄灰色、黄白色或黄绿色；枝条细长、伸直或弯曲，嫩枝被绢状柔毛；双数羽状复叶，3～9 对小叶；小叶椭圆形或倒卵状椭圆形，长 3～8 毫米，宽 2～3 毫米，先端圆或锐尖，很少截形，有短刺尖，两面密被绢状柔毛。长枝上托叶宿存，硬化成针刺；花单生，长 20～25 毫米，花梗长 8～12 毫米，关节位于中部以上，少在中下部；蝶形花冠，黄色，旗瓣宽卵形或菱形，瓣柄为瓣片的 1/4～1/3，翼瓣长圆形，先端稍尖瓣柄与瓣片近等长，耳短；龙骨瓣矩圆形，具长爪，耳不明显；子房无毛或具短柔毛。花萼管状钟形，密被短柔毛，萼齿三角状。荚果披针形或矩圆状披针形，较厚，革质，腹缝线凸起，先端短渐尖，长 2 ～ 2.5 毫米，宽 4 ～ 6 毫米。花期 5 ～ 6 月，果期 6 ～ 7 月。

主要分布于中国甘肃、宁夏、青海、陕西西部、新疆及内蒙古等地。天然分布于草原及荒漠草原地带，作为固定沙丘或平坦沙地上的建群植物，形成沙地灌丛群落。适应性广，具有很强的耐寒性和抗旱性，耐瘠薄、耐风蚀和沙埋。

中间锦鸡儿营养价值良好，生物量较高，富含蛋白质及氨基酸，尤以赖氨酸、异亮氨酸、苏氨酸和缬氨酸含量较高。绵羊、山羊均喜食其春季长出的嫩枝叶及花，骆驼一年四季喜食，在荒旱年份，它的饲用价值更大，是重要的抓膘饲草。在干旱缺草地区是有潜在价值的优质牧草。刈割后制成干草粉饲喂家畜，适口性较好，在冬季缺草尤其是"白灾"期间，对草原区家畜的生长发育具有重要作用。另外，其枝叶茂密，树冠截持降水作用强，也是重要的水土保持、防风固沙植物。中间锦鸡儿具多根瘤，可固氮，对改良土壤亦有重要意义。还可用作绿肥、蜜源植物以及燃料。茎可用作造纸、纤维板等工业原料；根可入药，具有祛风、平肝、止咳之功效。

沙拐枣

沙拐枣是蓼科沙拐枣属灌木，自然分布地区为中国和蒙古国。在中国主要分布于内蒙古中部及西部、甘肃西部、宁夏西部、青海、新疆东部。生于海拔 500 ～ 1800 米流动、半固定、固定沙丘，沙砾质荒漠，砾质荒漠。是中国西北地区防风固沙的先锋树种。

落叶小灌木，高达 1.5 米。老枝灰白或淡黄色，膝曲；一年生小枝草质，灰绿色，具关节。叶线形，长 2～4 毫米。花 2～5 朵簇生叶腋，花梗细，下部具关节，花白或淡红色，长约 2 毫米。瘦果黄褐色，不扭曲或扭曲，椭圆形，果肋稍突起，每肋具 2～3 行刺，毛发状，易折断。花期 5～7 月，果期 6～8 月。

第6章

荒漠动物

　　荒漠动物是常年或季节性栖息于荒漠中的动物。包括栖息于沙漠中的哺乳动物、鸟类、爬行动物、两栖动物和无脊椎动物等。荒漠生境对动物来说是极端严酷的栖息地类型。极端干旱缺水，夏季极端高温，气温日较差和年较差都非常大，食物资源匮乏。为有效适应荒漠环境，荒漠物进化出独特的身体结构和行为模式，得以在这种严酷的环境中生存繁衍。如为适应沙漠夏季的高温，沙漠动物尽量减少身体与地面的接触，挖洞躲入地下，寻找遮阴处以躲避阳光的曝晒，或者调整活动时间，在相对凉爽的晨昏活动，甚至选择在夜晚活动，成为夜行性动物。为适应沙漠的干旱缺水，沙漠昆虫的直肠和排泄管对水分有高效的重吸收作用，排出的粪便非常干燥；沙漠中的哺乳动物会排泄高浓度的尿液（如跳鼠）；而鸟类和爬行动物则以尿酸的形式排泄含氮代谢废物，这些方式都大大减少了水分的流失。

　　风沙（特别是沙尘暴）对动物的影响很大，沙埋作用可能导致动物死亡，对昆虫、节肢动物和啮齿类的影响尤其大。所以，这类沙漠动物一般很少在流沙区长时间栖息。另外，风沙对沙漠动物的眼睛、耳朵等器官构成很大影响。许多沙漠动物（如骆驼），生有双层的睫毛，对眼睛有非常好的保护，在沙尘暴天气也可以看清环境。耳朵内部生有浓密的毛发，可以很好地阻挡沙尘进入耳道内部。适应了极端的荒漠环境，荒漠动物成为动物界中一个非常独特的生态类群。

骆　驼

骆驼是偶蹄目骆驼科骆驼属单峰驼和双峰驼两个种的统称，又称橐驼。古生物学研究表明，骆驼在新生代始新世时期（约 5500 万年前）起源于北美洲的"原柔蹄类"。第四世纪冰期（约 100 万年前）时骆驼始祖动物从北美洲发源地分两路大规模迁徙。一部分通过白令海峡到达东半球、中亚、蒙古高原和满洲里等较寒冷的干旱地区，进化成双峰驼；另一部分跨过大陆干旱中心地带进入东欧，有的穿过中东、横过北非，向西迁徙远达大西洋，向南达坦桑尼亚，有的到达小亚细亚和非洲比较炎热的荒漠地带及印度北部干旱平原等地，演变成单峰驼。骆驼属物种的较大体格和驼峰的形成可能是其祖先在北美洲的时候就已进化出的变异。

◆ 驯化与分布

世界上约有 1800 万峰骆驼，其中 200 万峰为双峰驼，1600 万峰为单峰驼。双峰驼大部分分布在亚洲及周边较为清凉的地区，如蒙古国、中国、哈萨克斯坦、印度北部及俄罗斯，而单峰驼主要分布于北非、东非、印度大陆及阿拉伯半岛的沙漠或干旱地区。人类在大约公元前 3000 年就开始在阿拉伯半岛东南部驯化单峰驼，主要作为乳用，阿拉伯半岛中部也可能是早期驯化中心地域的一部分。单峰驼在驯化前已与

双峰驼分化。单峰驼的野生祖先在公元纪年之初于阿拉伯半岛最后消

失。驯养的双峰驼主要分布在中
亚的一些国家，如土库曼斯坦、
哈萨克斯坦、吉尔吉斯斯坦、巴
基斯坦北部和印度的荒漠草原，
向东延伸到俄罗斯的南部、中国
的西北部、蒙古的西部。

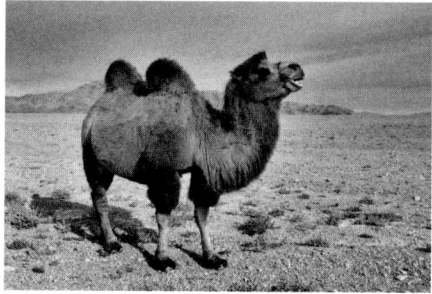

双峰驼

◆ **生物学特征**

　　骆驼属的两个种虽然有些差异，但是仍有许多共同的生物学特征。
骆驼属动物的第三胃和盲肠很小；没有胆囊，胆管与胰管汇合成一条，
在十二指肠开口，胰腺分泌物是主要的消化物；上唇有一天然纵裂，形
似兔唇，便于采食矮草嫩叶；蹄被蹄冠边缘的肉垫替代；前躯大于后躯，
背短腰长，有 12 对肋骨；步态为对侧步；愤怒时喷唾沫；公驼发情时
口吐白沫，枕腺分泌物增多，有特殊气味。对干燥和多纤维的稀疏植被
的适应性极强；有蓄积大量脂肪的驼峰，食物不足时赖以供给营养；核
型中二倍体染色体数目均为 74 条，37 对。

　　骆驼卧地时，胸、肘、腕、膝等处有着地的 7 块角质垫，跪卧时起
保护作用。骆驼以卧式进行交配。公驼睾丸位于肛门下两股中央，排尿
向后间歇射出。公驼没有精囊腺，由于母驼输卵管独特的构造使精子在
此存活 90 小时左右；母驼阴户较小，会阴短，乳房小、呈四方形。

　　骆驼固有"沙漠之舟"之称，在恶劣的沙漠环境中能长期生存，不
怕身体脱水。骆驼适应荒漠环境的特性之一是耐渴，这与其生理特性有

关。骆驼在其漫长的进化过程中进化出在血管中储存水的机能,其血液里含有蓄水能力很强的高浓缩蛋白,且细胞对低渗溶液的抗力大,能吸收大量水分进行储存,还能将脂肪储存在驼峰中,以防在沙漠中饥荒而死。骆驼体内含有简单结构的抗体或免疫球蛋白,且免疫球蛋白比任何哺乳动物的免疫球蛋白都小得多,能够深入机体的组织和细胞,发挥极其重要的免疫功能。

◆ 品种

中国骆驼分布在内蒙古自治区和新疆维吾尔自治区等地区,全国骆驼根据其分布和形态大致分为蒙古骆驼和南疆骆驼两大生态型,基本包括 5 个品种:阿拉善双峰驼、苏尼特双峰驼、青海骆驼、新疆塔里木骆驼和新疆准噶尔骆驼。

◆ 饲养管理

骆驼因其组织结构和生理机能的特殊性,经长期的人工选择和自然选择,能够在极其贫瘠的荒漠草原上繁衍生息,喜欢采食荒漠草原其他畜种所不能采食的坚硬枝条、高大灌木、恶臭草类及带刺植物,所以不与其他畜种竞争草场。在 5 ~ 7 天未饮水和进食饲草料的情况下仍能使役。在夏季气温达 47℃、地表温度达 65℃,冬季最低气温 -36.4℃ 的情况下,骆驼在无庇荫、无棚圈条件下仍能正常生活。骆驼的眼、鼻、耳具有特殊结构和机能,使其能在 7 ~ 8 级风沙天气里照常行走采食。骆驼长期在其他畜种难以生存的恶劣草场上生活,疫病传染途径相对少,体魄强壮,对各种疾病特别是传染病抵抗力较强,对恶劣的环境有顽强的适应性。

◆ 用途

兼有绒、乳、毛、皮、肉、役等多种用途。骆驼全身是宝：在产区，放驼员加工驼乳制品，有许多传统的民间做法，如酸奶、酸奶干、奶皮子、黄油、白油、奶酪、乳饮料等；驼掌或驼峰是宴会上的一道名菜，并冠之以"高山熊掌"之美名；驼骨压成板，可制作各种工艺品和家具；驼粪是牧民取暖的好燃料；驼皮的各种皮革制品有着独到之处，驼毛被套、驼毛裤又软又轻；驼绒品质佳、纤维长、强度大、毛色浅、光泽好，有良好的成纱性，是高级毛纺织品的优质原料，开发前景极其广阔。

塔里木马鹿

塔里木马鹿是高度适应荒漠生境的特殊马鹿亚种，俗称叶尔羌马鹿、南疆马鹿、南疆小白鹿。分布于塔里木河中下游和车尔臣河下游地区，范围十分狭小。国家二级保护动物，在《中国濒危动物红皮书》中，被列为濒危（E）。按世界自然保护联盟（IUCN）的《世界自然保护联盟濒危物种红色名录》濒危定级标准，属于极危级（EN）。20 世纪 50 年代中后期，新疆生产建设兵团及牧民捕捉野生塔里木马鹿驯养，培育出塔河马鹿，主要养殖于新疆维吾尔自治区巴音郭楞蒙古自治州尉犁、焉耆、库东及库尔勒等县、市。

中等大小，体躯较短，紧凑结实。头清秀，眼大机警，虹膜黑色，耳尖。夏毛沙褐色，间有沙毛；冬毛浅灰色或灰白色；背浅黑褐色，臀斑灰白色向下延伸到股内侧，部分个体在夏毛时可看到明显的花斑。

成年公鹿体斜长 128～140 厘米，体高 120～130 厘米，体重

180 ～ 200 千克；成年母鹿体斜长 120 ～ 135 厘米，体高 107 ～ 130 厘米，体重 130 ～ 150 千克。2 ～ 11 岁成年公鹿平均产三杈茸鲜重 6.08 千克，最高达 14.7 千克；9 ～ 12 岁成年公鹿平均产三杈茸鲜重 9.3 千克，最高达 19.2 千克。茸角基距窄，主干粗圆，茸毛灰白色而密长。15 月龄进入初情期，妊娠期为 246 天左右，母鹿繁殖成活率为 80% ～ 90%。

塔河马鹿曾被引种到新疆天山以北地区及甘肃省、内蒙古自治区以及东北等地，难以适应当地的气候条件，生存下来的都是塔里木马鹿与当地群体的杂交后代。

白唇鹿

白唇鹿是偶蹄目鹿科的一种，又称黄臀鹿、白鼻鹿。中国特有的鹿种，分布在青藏高原及其边缘地带的高山草原地区，包括青海、甘肃、四川西部、西藏及云南北部。典型的生活在高原的鹿种，在鹿类动物演化史中有重要的地位。

◆ **形态特征**

体形与马鹿和水鹿相似。雄性重 200 千克左右，雌性 150 千克左右。只有雄性头顶生有分出 4 ～ 6 个叉的角。全身毛发为黄褐色，没有白色斑点，臀部的毛为黄色。唇（及周围）和下颌为白色，有的个体白斑扩散至鼻部。因此得名黄臀鹿、白唇鹿。鼻子比其他鹿种明显偏大，该特征与其生活的青藏高原氧气稀薄有关。

◆ **生物学习性**

在青藏高原黄河流域范围内，白唇鹿分布区域的地势比较平坦、开阔，海拔高度为 4000 ～ 5000 米的草原是白唇鹿群活动的栖息地。但是，在青藏高原、澜沧江、怒江及雅鲁藏布江流域范围内的青海南部、四川及西藏等地的山脉起伏大。白唇鹿在这些区域里，既可以在海拔超过 6000 米的草原上活动，也会出现在海拔低于 3000 米的低山林缘地区。

在集群生活中，群体大小与其栖息场所的环境有关。在开阔的环境中可以出现超过百只的大群，但通常群体在 30 ～ 50 只。鹿群类型分为雄性群、雌性群及雌雄混合群。雄性群中的个体数量不超过 10 只；雌性群由雌鹿、当年出生的小鹿和出生一年以上的亚成体组成，群体规模大于雄鹿群；雌雄混合群通常出现在繁殖季节，群体规模大。

主要以草本植物为食，在冬季主要采食干草和灌木的枝条。根据胃容物和粪便分析的结果，没有见到白唇鹿采食树皮和枝条的情况。

◆ **生活史特征**

雄鹿角在 3 ～ 4 月份脱落，随后长出毛茸茸的鹿角。茸角在 9 月左右开始骨化，随后在 10 月进入繁殖季节。雄鹿在繁殖期前期通过争斗决定各自的等级序位，像马鹿和梅花鹿一样，优势雄鹿守护自己的雌鹿群，不允许其他雄性接近。11 月繁殖期结束，雌鹿和雄鹿再次分开。雌鹿怀孕期为 220 ～ 230 天，每胎 1 仔。刚出生的小鹿不跟随母鹿活动，通常躲藏在隐蔽的环境中。母鹿会到小鹿隐藏的地方为其哺乳。每年换毛两次，一次在春季的 5 ～ 6 月份，一次在秋季的 8 ～ 9 月份。

◆ **种群动态**

分布区域的年降水量在 200 ～ 700 米，年平均气温 -5 ～ 5℃。1 月和 7 月的平均气温分别为 -20 ～ 0℃和 7 ～ 20℃。在这些地区，白唇鹿通常在林线以上、地势平坦的高原草地上活动。根据20世纪80年代后期的调查结果显示，白唇鹿分布在祁连山地区的青海天峻县、祁连县、门源县，甘肃阿克塞县、肃北县、肃南县、山丹县海拔3300～5100米之间的高山荒漠及高山荒漠草原上；青海东部的扎陵湖地区和治多县；四川甘孜州的石渠县、白玉县、巴塘县、稻城县、雅江县及新龙县；西藏芒康县、察隅县、江达县、卡若区、类乌齐县、丁青县、索县及洛隆县等海拔3700～5200米的区域。此外在新疆东南部及云南北部也有分布。对于白唇鹿的种群数量一直缺乏科学的调查评估。

20世纪60年代始开始了建立人工饲养种群的尝试，从野外捕捉白唇鹿的幼鹿进行饲养。目前在青海、四川等地都有白唇鹿的人工饲养种群。

◆ 面临威胁

青藏高原的生长季节短、植物生长量低，白唇鹿的食物来源并不丰富。生活在白唇鹿分布区域内居民的主要经济活动是放牧牛羊，因此人类饲养的家畜对该物种形成了很大的干扰：首先，为了获得经济利益，人类饲养牛羊的数量会不断增加，侵占白唇鹿活动的空间并与其竞争食物，造成白唇鹿身体状况下降，不能抵御严冬恶劣的环境，死亡率增高。其次，在同一地区活动的家畜还会把疾病传入白唇鹿种群，造成其身体状况下降，死亡率增加。

◆ 保护措施

在中国被列为国家一级保护野生动物。应该加强对白唇鹿分布区栖息地的管理，根据栖息地的容纳量限制饲养牛羊的数量，给白唇鹿留下生存空间。

虎 鼬

虎鼬是食肉目鼬科虎鼬属的一种，别称花地狗、臭狗子、马艾虎。中国分布于内蒙古、山西、陕西、甘肃、宁夏、青海、新疆等地。国际上分布于阿富汗、亚美尼亚、阿塞拜疆、保加利亚、格鲁吉亚、希腊、伊朗、伊拉克、以色列、哈萨克斯坦、黎巴嫩、北马其顿、蒙古、黑山、巴基斯坦、罗马尼亚、俄罗斯、塞尔维亚、叙利亚、土耳其、土库曼斯坦、乌克兰、乌兹别克斯坦等地。

◆ 形态特征

一般体长 120 ～ 400 毫米，体躯细长均匀。鼻吻部短缩，耳椭圆形，四肢短粗有力，脚底的趾垫和掌垫裸露，前脚爪较后脚爪长而锐利，稍弯曲。尾长约为体长的一半。体背黄白色，散布许多褐色或粉棕色斑纹，体后部斑纹繁密，而且颜色较深。头部自吻部到两耳间黑褐色，横过颜面部经眼上沿颊至耳下到喉部，有一条宽的白纹几成环状，但不相连。上、下唇和前额部白色。耳上生有略长的白毛，耳基部杂有少量的褐色针毛。颈背和肩部淡黄色，喉、胸、腹及四肢黑褐色，其余均为棕白色相互混杂。尾毛蓬松，毛基的 2/3 呈棕色，毛尖端 1/3 处呈白色，使棕色的尾毛外圈显出一圈浮色。尾尖浅黑褐色。夏毛较冬毛粗硬，斑点色泽稍淡。

◆ 生物学习性

典型的荒漠、半荒漠草原动物，栖息于海拔 1000 ～ 1300 米的荒漠沙丘及石质坚硬的荒原或湿地。食物比较简单，主要捕食荒漠中各种鼠类、蜥蜴和小鸟。尤喜夜间捕食跳鼠和黄鼠。捕食中，采用掘洞捕食的方法，能在一夜间掘洞数十个之多，新掘的洞深多为 30 ～ 40 厘米。冬前在夜间频繁地捕跳鼠和黄鼠，将其储存在洞内以备过冬。性机警，凶猛，嗅觉灵敏，视觉较差，能攀树。春夏季节，喜晨昏和夜间活动。阴雨和下雪天较少出洞。平时单独活动，即使成对外出，也多见分散在洞附近活动。夏季结群活动，行走时，在沙垅上前后紧密相跟，结成一字队，弓腰弯背迅速前进。洞穴结构比较简单，通常 1 ～ 3 个洞口，洞口处显得圆而光洁，直径 10 厘米左右，洞深 1 ～ 5 米，甚至更长，洞的深浅视洞口沙土堆的大小而异。平时常侵占鼠洞或其他兽洞。

◆ 生活史特征

开春前后发情，孕期 2 个月左右，一般 4 月下旬产仔，每胎 4 ～ 8 仔。新生幼仔的斑纹显著，体长 12 厘米左右，哺乳期 1 个月左右，38 ～ 40 天后睁开眼睛，幼仔跟随母兽外出捕食，61 ～ 68 天后即可离开母兽独立生活。

◆ 保护级别

2008 年被《世界自然保护联盟濒危物种红色名录》列为易危（VU）。

高鼻羚羊

高鼻羚羊是偶蹄目牛科高鼻羚羊属（赛加羚羊属）的一种，又称赛加羚羊、赛加羚、大鼻羚羊。中国是高鼻羚羊原产国之一，直到 20 世纪 50 年代，在新疆准噶尔盆地和北塔山一带、甘肃马鬃山地区及内蒙古西部的中蒙边境附近还发现过其踪迹。高鼻羚羊野生种群在中国已灭绝。国际上分布于哈萨克斯坦、蒙古、乌兹别克斯坦、俄罗斯、土库曼斯坦。

◆ 形态特征

成兽体长 100 ～ 170 厘米，肩高 70 ～ 80 厘米，尾长 7.6 ～ 10.0 厘米，体重 36 ～ 69 千克。仅雄性具角，角长 20 ～ 40 厘米，斜向后上方伸出，角呈淡琥珀色微透明，具明显的环棱，角上部至尖端处光滑无轮脊，角质坚硬。吻鼻部明显延长，鼻脊中部隆起膨大向下弯曲，因而得名"高鼻羚羊"。体毛浓密，背毛棕黄色，腹面和四肢内侧白色，冬毛灰白色。

◆ 生物学习性

主要栖息于荒漠、半荒漠地带，荒漠草原地带亦可见到。集群栖居。有季节性迁徙习性，冬季向南迁移到向阳的较暖山坡或山谷地带。植食性，主要以草类及低矮灌木为食，其食物包括禾本科、菊科、豆科、藜科等植物。天敌主要是狼、金雕、狐等。流行疫病如口蹄疫、巴氏杆菌病的暴发会造成种群数量大量下降。

◆ 生活史特征

一雄多雌婚配制。性成熟早，当年生雌兽 8 月龄即可参与繁殖，雄兽 1 岁半方性成熟。冬季交配，发情期从 11 月下旬开始，发情期间，雄性的鼻子会膨大。妊娠期 5 ～ 5.5 个月，4 ～ 5 月份产仔，每次产仔 1 ～ 3 只，一般 1 胎 2 仔。

◆ 种群动态

曾遍及欧亚大陆，现其自然种群仅分布于俄罗斯、哈萨克斯坦、土库曼斯坦、乌兹别克斯坦和蒙古 5 个国家。中国的高鼻羚羊已于 20 世纪 50 年代灭绝。据估计，20 世纪 80 年代仍有约 82 万头高鼻羚羊，其中 82% 生活在哈萨克斯坦。从 1998 年至 2002 年，高鼻羚羊的数量从 62 万头急速下降到 5 万头左右；至 2014 年，恢复到 257000 头。2015 年 5 月，高鼻羚羊在其主要分布区哈萨克斯坦的别特帕克达拉草原大规模死亡，至 5 月底已经有 120000 头死亡。高鼻羚羊现有 2 个亚种：①指名亚种。体形较大，角较长。②蒙古亚种。体形较小，角较短。指名亚种目前共有四个主要种群，分布在哈萨克斯坦和俄罗斯西北部地区，其中哈萨克斯坦别特帕克达拉草原高鼻羚羊的数量最多。蒙古亚种主要分布在蒙古戈壁阿尔泰省的蒙古沙地自然保护区，2017 年数量曾达 14000 只，2019 年下降为 3500 只。中国甘肃省濒危动物保护中心于 1988 年从国外引入了高鼻羚羊，在武威东沙窝地区进行人工繁育，其种群数量已经达到近百只。

◆ **濒危原因**

狩猎过度、偷猎、日趋严重的干旱、人类活动增加、过度放牧、开垦农田等导致生存环境不断恶化；季节迁徙路线常被人为阻断；天敌和疾病等原因。

◆ **保护措施**

打击偷猎及高鼻羚羊角非法贸易，保护和恢复栖息地，繁育扩大人工种群，进行物种重引入，恢复野生种群。

藏　羚

藏羚是偶蹄目牛科藏羚属的一种，又称藏羚羊。中国分布于西藏、青海、新疆、四川，在拉达克地区也有分布。

◆ **形态特征**

成年藏羚体长 130 ~ 140 厘米，体重 24 ~ 45 千克。雄性具长角，弯度很小，角前侧有棱状突起，角长 45 ~ 65 厘米；雌性无角。尾长 15 ~ 20 厘米，肩高 70 ~ 100 厘米。身体颜色以淡褐色为主，被毛致密，雄性脸部为黑色或黑棕色，雌性脸部无黑色；头顶、颈背和躯体上部为淡棕褐色；四肢下部为浅灰白色，但雄性具黑棕或黑色纵纹；下颌、颈部下方、腹部及四肢内侧毛色浅。

◆ **生物学习性**

青藏高原的特有种，分布海拔从 3250 米（新疆阿尔金山）至 5500 米（拉达克德泊散得），是青藏高原高海拔、寒冷、干旱地区生态系统的关键种，主要栖息于高山草甸、高山草原、高山荒漠草甸草原和高山荒漠草原，群居。大多数雌性具有长距离迁移的习性，季节性往返于冬季栖息地和夏季产羔地之间；雄性不迁移或仅具短距离季节性迁移，多在冬季栖息地附近活动。食物主要为禾本科、豆科、莎草科、菊科、杂类草等植物，以禾本科植物为主。婚配制度为一雄多雌制。雌性在 1.5 ~ 2.5 岁达到性成熟，发情交配期在 11 月至第二年 1 月，妊娠期约 200 天，一般在每年的 6 ~ 7 月产仔，每胎一般 1 仔，偶见 5 月下旬和 7 月下旬产仔者。天敌为狼、秃鹫等。

◆ **种群动态**

20 世纪初种群数量估计为 50 万～ 100 万只，1990 年前后估计种群数量约 7.5 万只，2013 年种群数量估计可达 20 余万只。2017 年种群数量估计已达 30 万只以上，主要分布在西藏、青海、新疆，在四川石渠县也有少量分布。

◆ **濒危原因**

盗猎、人类活动增加、过度放牧、网围栏、迁徙障碍、草场退化、栖息地缩小、栖息地破碎化、雪灾及传染病等。

◆ **保护措施**

严禁捕猎，加强就地保护工作，加强自然保护区建设和管理，加强自然保护区外栖息地保护和恢复，加强种群和栖息地监测工作及科学研究工作，加强疫源疫病监测工作，加强法制宣传和执法力度，打击偷猎走私，制止藏羚羊及藏羚羊绒制品的非法国际贸易。

鹅喉羚

鹅喉羚是偶蹄目牛科瞪羚属的一种，又称长尾黄羊。中国分布于内蒙古、甘肃、青海、新疆、宁夏等地。国际上分布于蒙古、俄罗斯等国。

◆ **形态特征**

成体体长 90 ～ 126 厘米，肩高 52 ～ 80 厘米，尾长 10 ～ 23 厘米，在中国分布的几种羚羊中，其尾部最长。雄性体重 22 ～ 40 千克，雌性体重 18 ～ 33 千克。背部、四肢外侧、头颈部黄棕色，喉部、耳内、腹部、四肢内侧及臀部白色，尾背面黑棕色。在

鹅喉羚

奔跑时尾部竖起。雄羚具角，角上有明显的棱环，棱数随着年龄而增长；雌性无角。处于发情期时，雄性鹅喉羚喉部软骨膨大，状如鹅喉，故得名"鹅喉羚"。

◆ **生物学习性**

对炎热、严寒和干旱的生存条件具有很强的忍耐力，栖息于沙漠和半沙漠地区，主要活动于地势平坦、低坡位、远离人为干扰的区域。昼间活动，常结成几只至几十只的小群，雄性单独或成小群活动。夏季主要在清晨和下午觅食，喜食植物随季节发生变化，主要以藜科和禾本科植物为食，也吃灌木的树枝和嫩叶，偏爱蛋白质和水分含量高的食物。

◆ **种群动态**

由于人类活动的影响，全球范围内的鹅喉羚种群数量急剧减少，格鲁吉亚、亚美尼亚和科威特等地的野生鹅喉羚已经灭绝。中国经过20多年的保护，新疆地区的鹅喉羚种群数量有恢复的趋势，国家林业局主编的《中国重点陆生野生动物资源调查》显示中国鹅喉羚约有19万头。

野 驴

野驴是哺乳纲奇蹄目马科马属动物、草食性野生动物。分为亚洲野驴和非洲野驴，强壮，耐力好，既能耐冷、耐热又能耐饥、耐渴。步伐稳健，视觉、听觉、嗅觉均敏锐，尤其是视觉和听觉更发达。

野驴

◆ **起源和分布**

非洲野驴是现代家驴的祖先。分布在非洲东北部，沿红海边境的荒凉地带及热带草原地区，包括埃塞俄比亚、索马里、肯尼亚等地及非洲南部的赞比亚、安哥拉、莫桑比克等地。根据其来源，可分为努比亚野驴和索马里野驴。努比亚野驴远在八九千年以前的新石器时代就开始被驯化成为家驴，分布于非洲尼罗河上游，埃塞俄比亚高原南部的努比亚沙漠地区；索马里野驴分布于努比亚沙漠的东南及埃塞俄比亚高原的东南和索马里西部。亚洲野驴又称骞驴，分布于中国西部等地的沙漠和干旱的草原上。亚洲野驴现有 3 个野生种：库兰驴，又称蒙古野驴，广泛分布于阿尔泰山南北，北部在蒙古和俄罗斯贝加尔湖地区、中亚细亚地区，南部在中国新疆维吾尔自治区、内蒙古自治区、甘肃省西部干旱草原上；康驴，又称西藏野驴，分布于尼泊尔、锡金以及中国西藏自治区和青海省地区；奥纳格尔驴，又称伊朗驴，分布于印度、伊朗、阿富汗及苏联境内，并与库兰驴南部分布区相连。

◆ **生物学特性**

亚洲野驴体躯可长达 260 厘米，肩高约 120 厘米，头短而宽，四肢较短，蹄高。鬣毛短而直立，尾较长。毛色多为淡黄色或灰色，唇、耳、四肢内侧、腹下为白色，背线细长，为黑褐色，斑纹不明显。由于亚洲野驴体形介于马和驴之间，故又称为半驴或半野驴。体色随季节发生显著变化，夏季为红棕色，冬季变成黄褐色。非洲野驴体长 200～220 厘米，体高 110～140 厘米，四肢更加细小，耳长，尾毛较多。颈鬣毛发比较短，毛色为青色或铁青色，肩纹及背线明显，四肢有横斑。

◆ 种群现状

根据世界自然保护联盟（IUCN）列出，野驴均处于不同程度的衰落状态。亚洲野驴现存亚种中，蒙古野驴是所有亚种中野生种群数量最大的；印度野驴从 20 世纪 60 年代开始，野生种群数量呈上升趋势，数量上仅次于蒙古野驴；土库曼野驴野外种群是亚洲野驴最大的人工种群；波斯野驴野生种群，仅存在于伊朗的保护区。非洲野驴的索马里亚种在埃塞俄比亚的北部地区和索马里的北部地区有分布，努比亚亚种在埃塞俄比亚厄立特里亚的东部地区和苏丹的东部红海山地区有分布。

荒漠猫

荒漠猫是食肉目猫科猫属的一种，又称漠猫、草猞猁、中国山猫。产地在四川康定附近。中国猫类特产种，动物园饲养者极少。中国分布于新疆、青海、内蒙古、甘肃、四川、宁夏及陕西等地。国际上仅分布于蒙古。

◆ 形态特征

体形较家猫大。体长 600 ～ 800 毫米，尾长 230 ～ 350 毫米。四肢略长，四足掌面具有硬而密的褐黑色长毛，几遮覆足掌面。头部灰白，体背和四肢外侧呈浅黄灰色，背中部略具暗红棕色泽。冬季体背疏落地布满黑色或暗褐色长峰毛，颇显著，为其特点之一。耳端生有一撮长约 20 毫米的短毛。颊部有两斜行暗褐色条纹，两纹间呈亮灰色。腹面暗黄色，颌白色。仅前胸部淡黄褐色，背腹面毛色无明显界限。尾似背色，其背部有 3 ～ 4 条暗棕色纹，尾尖端黑色。

◆ 生物学习性

栖息在海拔 2800 ~ 4000 米的黄土丘陵、干草原、荒漠、半荒漠、草原草甸、山地针叶林缘、高山灌丛和高山草甸地带，也在雪地上活动。生活有规律，晨昏夜间活动，白天休息。主要捕食一些小型动物，以啮齿动物为主，还捕食鸟类和雉鸡。在高山裸岩地带和阴坡的云杉林中，由于植物贫乏，啮齿类数量稀少，所以就没有其踪迹；在柏木疏林和高山灌丛一带，由于食物和隐蔽条件良好，啮齿动物数量多，其活动痕迹，如足迹、脱落的毛团、食物残骸和粪便等，也就很常见。性孤僻，除交配期（1 ~ 3 月）外，营独居生活。

◆ 生活史特征

在洞穴中繁殖，每个繁殖洞只居住 1 只雌性及其哺育的幼仔。交配期 1 ~ 2 月，交配动作似家猫，雄性排精时发出一种尖而细的特殊叫声。怀孕期约 3 个月，4 ~ 5 月产仔，每胎 2 ~ 4 仔。在饲养条件下，2 岁性成熟，每胎产 2 仔。

◆ 经济价值

能大量消灭鼠类，有益于农、林、牧业，可作为观赏动物，全世界动物园中只有西宁动物园有 8 只展出。

沙 狐

沙狐是食肉目犬科狐属的一种，别称东沙狐。由于分布区与藏狐有一定的重叠，且两者相似，历史上对两者的分类地位曾有混淆。主要分布在亚洲中东部地区，中国主要分布于新疆、青海、甘肃、宁夏、内蒙古、西藏等地。国际上主要分布于阿富汗、伊朗、哈萨克斯坦、吉尔吉斯斯坦、蒙古、俄罗斯等国。

◆ **形态特征**

体形中等，体长 45 ~ 65 厘米，尾长 19 ~ 35 厘米，体重 1.6 ~ 3.2 千克。尾长接近体长之半。雄性较雌性略大。头骨与赤狐相似，但较小且短而宽，吻部较粗短，牙齿小，腿较长。全身大部分毛发灰黄色，胸部和腹股沟白色。背面毛浅棕灰色，腹面棕黄色。耳短，耳背浅灰黑色。背部毛长 35 ~ 40 毫米。尾梢浅灰色，尾尖黑色，这一点有别于藏狐的白色尾尖。夏季毛被稀疏，色泽灰暗而无光泽。

◆ **生物学特征**

主要栖息于开阔的草原和半荒漠地带。在森林、茂密的灌丛地区或农业耕地、山区或雪层超过 150 毫米的地方一般不可见。栖息地一般远离人类环境。非常适应荒漠，通过从食物中获取所需水分，可以在无水地区停留很长时间。主要以小型兽类和鸟类为食，其中啮齿类是主要的取食对象，此外也捕食蜥蜴、蛙以及昆虫。虽然以肉食为主，但偶尔也会吃水果和其他植被，尤其是当动物猎物资源稀缺时。通常利用旱獭废弃洞穴作为巢穴，用于繁殖、栖息和躲避天敌，多个个体可以分享同一个洞穴。

◆ **生活史特征**

冬季集小群，每年 1 ~ 3 月交配，春末和夏初幼仔出生。每年繁殖一胎，个体生长速度快，雌狐第三年开始性成熟，野生个体的寿命约为 6 年。

◆ **保护措施**

《世界自然保护联盟濒危物种红色名录》（2014）将其评为无危（LC），中国将其评为近危（NT），但在中国一直以来存在沙狐的非法贸易。人类的过度干扰导致沙狐栖息地丧失是造成其种群数量下降的主要原因。

沙 鼠

沙鼠是啮齿目仓鼠科沙鼠亚科动物的统称。有 15 属 71 种，广泛分布于非洲、亚洲和欧洲的荒漠草原、山麓荒漠、戈壁和沙漠。有的种也侵入开垦后的农田地区。中国有 3 属 7 种，短耳沙鼠是中国特有种，分布于新疆维吾尔自治区南部、内蒙古自治区西部和甘肃省西部。因栖息于干旱的荒漠地区而得名。体小型，体长 7 ~ 20 厘米。头圆、眼大，耳壳较短；毛呈沙黄色；听泡发达、听觉灵敏；后肢长为前肢的 1 ~ 2 倍，适于跳跃；尾较长，一般等于或略大于体长，跳跃时起保持身体平衡的作用。

生活在空旷的荒漠地区，依靠复杂的洞系、灵敏的听觉和迅速跳跃来逃避敌害。有的白天活动，有的夜间活动。不冬眠。以植物为食。一生中很少喝水或完全不喝水，仅靠摄取食物中的水分来满足需要。具发达的爪，善于挖掘复杂的洞系，尤以大沙鼠最突出，每一个大沙鼠的洞系有洞口几十个到上百个，内有窝、"仓库"、"厕所"，洞道相互交错，分为 2 ~ 3 层。在这种复杂的洞系中，有相对稳定的小气候。沙鼠在春末夏初开始繁殖，年产 2 ~ 3 胎，每胎产仔 3 ~ 8 只。寿命约 2 年。

　　沙鼠因储存食物和挖掘复杂洞系而给农牧业带来严重危害。如在新疆的沙漠中，一大沙鼠洞系中储存牧草达 40 千克；内蒙古的一长爪沙鼠洞系中挖出存粮达 32.5 千克。沙鼠是许多疾病的传播者。长爪沙鼠和小亚细亚沙鼠对许多疾病有高度的敏感性，且易饲养和繁殖，已被作为实验动物。

跳　鼠

　　跳鼠是啮齿目跳鼠科动物的统称。生活于开阔地域，因善于跳跃得名。体中、小型，体长 5.5 ～ 26 厘米；头大，眼大，吻短而阔，须长。毛色浅淡，多为沙土黄或沙灰色，无光泽，与栖息地的景色接近；后肢特长，为前肢长的 3 ～ 4 倍，后肢外侧 2 趾甚小或消失，落地时中间 3 趾的落点很接近，适于跳跃，一步可达 2 ～ 3 米或更远。有些种类如三趾跳鼠、栉趾跳鼠等的后足掌外缘生有 1 ～ 2 列硬密的白色长毛，既可在跳跃时保持后足在松散土地上不致下陷，又可在挖洞叩借以将土推出洞外。尾甚长，为 9.5 ～ 30 厘米，在跳跃时用以保持身体平衡，并能以甩尾的方法在跳跃中突然转弯，改变前进方向，以躲避天敌的捕捉。多数跳鼠尾端具扁平形的由黑白两色毛组成的毛穗，跳跃时左右晃动，以迷惑天敌，使之无法判断其准确落点。有 10 属 27 ～ 28 种，广布于亚、非、欧三大洲的干旱与半干旱地区。其中以三趾跳鼠亚科种类最多，有 7 属 21 ～ 22 种。

　　跳鼠多在夜间及晨昏活动。夜间活动时，主要靠耳壳和听泡来接收和放大周围的微弱声响，以躲避天敌和辨别方向，因此耳壳和听泡都非常发达，耳长多在 1.5 厘米以上，最长可达 6 厘米。

心颅跳鼠为跳鼠科特征最原始的一类动物。体型皆小，体长均不到 7 厘米。耳小，前翻不到眼。尾细长，覆以稀疏长毛，尾端均无尾穗。后足 3 趾（三趾心颅跳鼠属），或具 5 趾（五趾心颅跳鼠属）。听泡异常膨大，其长度达头骨长之半。现有 2 属 5 种，均为珍稀种类。

长耳跳鼠的形态较为特殊，构成单种的亚科。体长 8 ～ 10.5 厘米，尾长 15 ～ 19 厘米，尾端具尾穗；与其他跳鼠相比，吻尖，眼小，耳极大，长 3.8 ～ 4.7 厘米，占体长的 40% ～ 50%，后足 5 趾。分布区狭窄，基本上为中国特有种，见于中国内蒙古西部、甘肃北部、青海的柴达木盆地以及新疆的东部和南部。国外仅见于蒙古国的外阿尔泰戈壁。

跳鼠都有冬眠习性，以尾部积累的脂肪在蛰伏期间补充机体能量的消耗。主要吃植物，在夏季也捕食昆虫。每年 4 月开始发情交配，一

五趾跳鼠

般年产仔 2 窝，于 7 ～ 8 月停止生育，但有些种类年产 3 窝，于 9 月结束繁殖，每胎产 1 ～ 6 仔，多数为 2 ～ 4 仔。

荒漠沙蜥

荒漠沙蜥是蜥蜴目鬣蜥科沙蜥属的一种。主要分布于甘肃（民勤、张掖、武威）、宁夏（中卫、平罗）和内蒙古（杭锦旗、巴彦浩特、乌拉特中后联合旗、阿拉善旗、贺兰山、额济纳旗）的腾格里沙漠。

◆ **形态特征**

成体较大，头体长 42 ～ 60 毫米，尾长 50 ～ 84 毫米。头呈心脏形，长度略小于头宽，吻端尖，眼前部斜下。背面褐黄色，背脊中央自颈到后肢部常有一浅色窄纹，两侧有 4 ～ 5 列黑色横斑，其间杂有细纹及白色圆点。

◆ **生物学习性**

栖息于海拔 1000 ～ 1500 米、气候干旱、植物稀少的地区，常见的有红砂、珍珠、白刺、梭梭、柽柳等。主要取食半翅目和膜翅目昆虫及其幼虫，尤其是长蝽科和蚁科昆虫。生理性体温调节，如皮肤的辐射特性、松果体对温度的调节、心血管系统与能量代谢等方面。昼行性，4月初出蛰。夏秋季为活动季节，洞穴挖筑于向阳的沙地处，能进行行为性体温调节，10月中旬起进入冬眠。寿命 7 岁左右。从在额济纳旗的中、蒙边境捕得的本蜥进行推测，应能往北分布到蒙古境内。天敌一般为猛禽类。

◆ **生活史特征**

4 ～ 6 月为交配繁殖期，8 月结束繁殖期。产卵期主要在 5 ～ 7 月。产卵数 1 ～ 7 枚，多数年产 1 次。幼蜥于 7、8 月份孵出，体长一般 50毫米，后达到性成熟。

◆ **经济价值**

荒漠中较为典型的优势蜥蜴，种群密度相对大，是荒漠草原及草原化荒漠害虫的天敌。有卷尾习性，具一定观赏性。可饲养。

◆ **种群动态**

雄蜥生殖周期随季节变化，不同年份种群生殖率略有差异。影响因素为降水量、气温、光照时数、食物资源、植被盖度等。为"三有"保护动物。因生境栖息地破坏，种群密度呈下降趋势，须进行保护。

第7章

荒漠土壤

　　荒漠土壤在中国土壤系统分类（2001）中归属正常干旱土、干润雏形土以及具有干旱土壤水分状况的新成土。荒漠土广泛分布在温带、亚热带和热带的荒漠地区。中国的荒漠土地区主要分布在西北的甘肃、新疆、青海、宁夏和内蒙古等省、自治区。

　　荒漠土壤分布区属干旱大陆性气候。降水稀少，日照强烈，温差大，蒸发强烈，多大风与尘暴。植被以稀疏的超旱生半乔木、半灌木、小半灌木和灌木占优势，成分简单，多为肉质、深根、耐旱种属，呈单丛状分布，覆盖度极低，植物地上部产量很低，根系死亡后为土壤提供的有机质数量也很有限。地形有冲 - 洪积平原，也有丘陵、低山、剥蚀高原和盆地。成土母质在丘陵低山地区以残积物和坡积残积为主，而平原地区以洪积物、冲积物与黄土状沉积物为主。

　　荒漠土壤形成特点包括：①腐殖质积累作用微弱。②石灰表聚作用明显。③石膏和易溶性盐的聚积明显。④表层砾质化普遍。⑤弱铁质化作用。

　　荒漠土壤基本性状包括：①在形态上一般有孔状结皮和结皮下的片状或鳞片状层、石膏易溶盐聚积层。②质地较粗，砂粒和砾石含量很高，黏粒含量一般不超过 20%，戈壁广布地区不到 5%。③有机质含量低，表层含量一般低于 1 克 / 千克，胡敏酸 / 富啡酸＜1；土壤阳离子交换量（CEC）低，通常＜10 厘摩（+）/ 千克。④普遍存在盐渍化，土壤中石膏积累量大，土壤呈碱性反应，pH＞8。⑤黏土矿物以水云母为主。

中国土壤分类系统（1998）中，荒漠土包括灰漠土、灰棕漠土和棕漠土三个土类。

荒漠土壤在世界上的分布很广，由于干旱缺水、植被盖度差，很难用于农牧业。荒漠土地区生态环境脆弱，应封境育草，严禁放牧。在水源条件较好、地势平坦的地方，可适度发展灌溉农业，由于荒漠土地区的灌溉主要来自高山融雪水，水资源有限，因此必须注意要发展滴灌等节水农业，同时要防治由于漫灌等不当灌溉方式可能导致的土壤次生盐渍化。另外，荒漠土壤肥力较低，要增施有机肥，实行秸秆还田，合理轮作，以提高土壤肥力。风沙威胁严重的地区，一定要营造防风固沙防护林网和护田林网，以林育草，以林保田。

荒漠土壤景观

灰棕漠土

灰棕漠土是温带极端干旱荒漠沙砾质洪积物、洪积 - 冲积物或粗骨性残积物、坡积 - 残积物母质发育的具有荒漠特征的土壤，又称灰棕色荒漠土。灰棕漠土主要分布于温带极端干旱荒漠地区，在中国西起新疆准噶尔盆地西部和东部边缘、经东疆北部的诺敏戈壁，至内蒙古阿拉善高原的西部与中北部的广大地区。甘肃河西西部山前洪积扇和砾质戈壁平原及青海柴达木盆地中西部的山前坡积裙与洪积扇也有分布。

地表常见黑褐色漆皮的砾幂，表层为多孔状结皮，亚表层为铁质化紧实土层或石膏－盐磐层等土层，石灰表聚明显，石膏有一定的分异和聚积，有的还有硝酸盐聚积。有机质含量＜5克/千克，土壤多沙砾，粉粒和黏粒含量很少，土壤碱性或强碱性，黏粒矿物以水云母为主。

灰棕漠土可分为灰棕漠土、草甸灰棕漠土、石膏灰棕漠土、石膏盐磐灰棕漠土和灌耕灰棕漠土五个亚类。

灰漠土

灰漠土是温带荒漠边缘黄土状母质发育的具有荒漠特征的土壤，曾称荒漠灰钙土、灰钙土和灰棕漠土，《中国土壤》（1980）一书中予以正式定名。中国分布于内蒙古河套平原，宁夏银川平原的西北角，新疆准噶尔盆地沙漠两侧的山前倾斜平原、古老洪积平原和剥蚀高原地区，甘肃河西走廊中西段，祁连山的山前平原也有分布。

灰漠土处于棕漠土向灰棕漠土的过渡地带，处于漠境较为湿润的地带。自然条件下极具荒漠特点，不及棕漠土和灰棕漠土典型。年降水量150～200毫米，蒸发量160～220毫米。年平均气温5～7℃，较灰棕漠土区低1.5～2.0℃，较棕漠土区低6℃。冬季严寒，生长期约200天。植被主要为旱生的半灌木和灌木荒漠类型，如琵琶柴等。在春季降水较多的准噶尔盆地有少量早熟禾等春季短生植物出现。植被总覆盖度一般为 10% 左右，最高可达 30%。地面有不同程度风蚀、水蚀痕迹。成土母质在低山丘陵区以坡积残积物为主，平原区以洪积、冲积物以及黄土状沉积物为主。

地表有不规则裂纹，具孔泡结皮层、片状层、紧实层、过渡层或易溶盐－石膏层和母质层等土层序列的干旱土壤。地表有明显的结皮层，下为片状土层，含砾石，碳酸钙表聚外，还可于 10 ～ 20 厘米以下的紧实层中形成碳酸钙聚积；石膏和盐分聚积在 40 厘米或 60 厘米以下，有的还可出现多层石膏聚积；向下过渡为母质层。通体强烈石灰反应，碳酸钙含量为 50 ～ 200 克 / 千克，以紧实层下部最高。总碱度、易溶盐含量不高，少有盐化、碱化特征。灰漠土表层有机质含量约 10 克 / 千克，三氧化物及黏粒含量也以紧实层最高。

可续分为灰漠土、钙质灰漠土、草甸灰漠土、盐化灰漠土、碱化灰漠土和灌耕灰漠土六个亚类。

因灰漠土的特点有：①土层薄、土质轻，缺少黏粒。②土性板结，限制植被根系发育。③有机质含量低，缺乏氮素和植物所需微量元素，具有磷素有效性低，钾素过剩等特点。因此，改良目标为：破除板结、提高有机质含量和改良土壤水分物理性状。具体措施有：①合理布局作物。②开展绿肥作物和粮食作物的轮作，或牧养结合。③增施有机肥。④秋季深耕。⑤合理灌溉。

灰漠土标本

第 8 章

荒漠化防治

　　荒漠化防治，又称荒漠化治理。包括营造各种类型防护林体系、设立自然保护区、进行草场植被人工播种及复壮更新措施、实施的化学与力学固沙工程等，以及为防治水土流失所修建的各种拦沙蓄水、防洪护岸工程和梯田工程等，为治理土壤盐渍化所建立的排水工程和实行的冲洗改良措施、灌溉淋盐措施、农业耕作措施等。

　　荒漠化防治的学科称为荒漠化防治工程学。它融合了传统的治沙造林学、治沙原理与技术、风沙物理学、荒漠化监测与评价、水土保持学、农业生态学以及 3S（RS\GIS\GPS）技术、计算机技术等，系统阐述了荒漠化的基本概况，荒漠化防治工程的基本原理、基本知识，荒漠化防治工程的技术体系、技术措施，荒漠化防治工程的调查、规划、施工设计，荒漠化的监测与评价方法。是集理论性与技术性于一体的一门综合、新型学科。

　　据联合国环境规划署 1992 年对全球荒漠化做出的最新评估，全球 2/3 的国家和地区，约 9 亿人口，占全球陆地面积的 1/4 受到荒漠化的危害，而且荒漠化正以每年 5 万～7 万平方千米的速度扩大，荒漠化使一些地区贫困加剧、产生难民并导致社会动荡，诱发地区间武装冲突，据估计全球由于荒漠化所造成的经济损失，每年约 423 亿美元。

中国是世界上荒漠化危害严重的国家之一。20 世纪 50 年代以来，经近 70 年的不懈努力，中国的荒漠化防治事业取得了显著的成效。根据第五次全国荒漠化和沙化监测结果，截至 2014 年全国荒漠化土地面积 261.16 万平方千米，约占国土面积的 27.2%，主要分布在西北、华北北部、东北西部及西藏西北部地区。据调查，50 ～ 70 年代全国风蚀荒漠化土地平均每年扩大 1560 平方千米，进入 80 年代，平均每年扩大 2100 平方千米，90 年代平均每年扩大已达 2460 平方千米，相当于每年损失掉一个中等县的土地面积。经过坚持不懈地实施防治荒漠化措施，2004 年后中国荒漠化土地和沙化土地总面积开始持续缩减。荒漠化给工农业生产和人民生活带来严重的影响，造成可利用土地面积减少、土地生产力下降；生产和生存条件恶化；旱、涝灾害加剧；粮食产量下降；农田、牧场、城镇、村庄、交通线路和水利设施等受到严重威胁。

荒漠化防治措施分为工程措施、生物措施和化学措施三种。

◆ **工程措施**

与生物措施相结合，并且和生物措施具有同等重要地位的一种荒漠化防护措施。其优点是见效快、施工方便、便于就地取材，其不足之处是使用年限有限，且需要不断维修养护，仅是一种治标的方法。在防治前期，工程措施对植物的恢复和生长起着积极的保障作用。常见的工程措施有沙障、防雪墙、半隐蔽式草方格沙障、护坡措施、保护措施等。

沙障

用不同材料在沙面上设置的各种形式的障碍物，其目的是控制风沙流的方向、速度、结构，以达到防风阻沙、改变风的作用及地貌状况等目的。某一地段沙障类型的选择因其防治目的不同而各异，沙障的高度根据沙障类型不同而不同。以拦截风沙为主时，一般选用高立式沙障，高度为 50～100 厘米或更高，但太高浪费原料，因此一般最高不超过 150 厘米；如以防风蚀为主时宜采用低立式沙障，高 20～50 厘米；以固为主的地段则选择隐蔽式沙障，其高度与沙面平行。沙障一般用于迎风侧距线路 100～200 米处，沙障的孔隙度、障间距、带数可根据风沙强度而设。风沙流较强的地段，可设多条沙障，障间距适当加密，相反，则设 1 条或几条沙障即可，障间距也可稍稍增大些。

防雪墙

可就地取材，建石墙、砖墙或土墙，用以防风沙和积雪。如集通铁路沿线可见 2 米左右的 1～3 行川字形和品字形防雪石墙，效果很好。

半隐蔽式草方格沙障

主要设置在铁路两侧的防护带上，铺设初期，可能会或多或少地遭到风蚀，一旦形成凹形面后就达到了稳定状态，可增加地表粗糙和减低风速，从而降低输沙量，为进行植物固沙创造有利条件。

护坡措施

防护材料以就地取材为宜，以碎石或卵石为最好，也可用黏土，草皮砖、水泥制品、泥浆或沥青混合物等护坡。其目的是防护边坡，以防止护坡被风蚀或水蚀。

保护措施

多用网围栏保护铁路设施及机械、生物防护工程；在风沙大的地方也可挖筑积沙堤，即在线路一侧或两侧，距线路 50 米左右挖沟，将弃土在迎风侧沟沿外 50 米处修筑成堤，采用卵石覆盖堤顶及迎风面。

◆ **生物措施**

荒漠、半荒漠地区一般气候干旱、大风频繁、降水稀少，仅考虑生物措施固沙，可能由于风沙流的危害而使植物遭受风蚀或沙打、沙割。若结合工程治沙，采用生物措施，可收到显著的效果。在无灌溉条件下，可选用一些耐旱植物，营建植物防沙体系，常用的植物种有花棒、沙拐枣、油蒿、小叶锦鸡儿、黄柳、柽柳、沙米、野枸杞等。而在地下水资源较丰富或有河流、水库等地区，可建立有灌溉条件的植物防沙体系，一般选用的乔木树种有小叶杨、沙枣、槐树、榆树、合作杨、樟子松、旱柳等；灌木树种有黄柳、卫矛、胡枝子、梭梭、红柳、花棒等。

防护林带

本着"因害设防"的原则，在线路两侧营造防沙林带，重点放在上风侧，其次是下风侧。沙害严重地段，在上风侧设 2～3 条林带，下风侧设 1 条林带。沙害一般地区，上风侧可设 1～2 条林带，林带宽 30 米，带间距 50 米。防护林带可以防风蚀沙埋和积雪。一般地，林带宜以乡土树种为主，且栽植在土层深厚的地区。在幼林期进行灌溉，可促使其迅速生长，尽早达到防护效益。

生物活沙障

将植物以密集式、簇式或线性密植的配置方法，在线路两侧进行合理配置，并利用活植物体的灌丛堆效应，将流沙固定在植物体周围，从而达到固沙的目的。生物活沙障应选择耐旱、耐风蚀沙埋的灌木树种。

防风固沙带

在线路两侧距线路较远的边缘地区，因风沙活动强烈，应因地制宜建立乔、灌、草结合的防风固沙带。其宽度上风侧为 50～300 米，下风侧为 30～100 米。尤其是结合工程措施建立的防风固沙带，即可防止外侧风沙流对铁路的破坏，又可美化环境，为沙区提供薪材和饲料。

◆ 化学措施

21 世纪以来新兴的一种方法，其原理是利用被稀释的具有一定胶结性的化学物质，喷洒在沙表面，形成一层保护壳，隔绝风与沙面的接触，从而起到防治风蚀的作用。其优点是见效快，在缺少其他防沙材料的情况下可适用。化学固沙原料主要有沥青乳液、沥青化合物、涅罗森、油、胶乳等。这些原料稀释后通过专门的机具喷洒在流沙表面，即可在表层形成硬壳，固定地表。沥青乳液透水透气，若喷洒时配合撒播沙生植物，则可有利于植物成活和生长。从长远利益来看，化学制剂固沙是可行的，今后还需要不断研发创新。如研制类胶质阴离子复合物掺和到沙层中，增大沙层的持水性和无机营养，改变沙层的理化性质，促进沙生植物的生长。荒漠化地区的铁路防护，要根据线路所在地理位置的不同，采取不同的防护措施，本着因害设防的原则，既保证线路畅通，又能改善、美化环境。

本书编著者名单

编著者（按姓氏笔画排列）

马 勇	马 强	王 征	王 涛
王 萍	王 傲	王正寰	王占义
王学敏	王承云	王彦荣	王晓燕
王逢桂	王德利	牛得草	方炎明
卢 瑛	卢 琦	白凤森	邢秀梅
芒 来	朱 玉	朱震达	仲 佰
任秀娟	旭荣花	刘 伉	刘 樱
刘振生	牟凤娟	苏世荣	李广德
李振宇	李新荣	杨 帆	杨 轩
杨景春	吴 正	邸醒民	宋延龄
张 丹	张 健	张正社	张甘霖
张志翔	张梦涵	陈 超	陈 静
陈广庭	陈传康	陈俊华	罗 浩
季任钧	金 崑	周春山	郑 伟
郑英杰	赵 祥	赵哈林	侯扶江
姜广顺	贾 佳	贾晓红	顾红雅
高洪文	曹秋梅	董宽虎	裘新生